高等职业教育艺术设计类新形态教材

总主编／肖勇　傅祎

居住空间室内设计

主　编　赵　肖

副主编　杨金花　宋　雯

参　编　李寰宇

INTERIOR DESIGN OF RESIDENTIAL SPACE

北京理工大学出版社

BEIJING INSTITUTE OF TECHNOLOGY PRESS

内容提要

本书以真实项目为载体，详细介绍居住空间室内设计内容、方法与技巧，并通过实际案例，对小户型、中户型和大户型居住空间室内设计进行了详细讲解。本书内容新颖，以实际设计工作过程为导向进行编写，在突出设计任务的同时，注重培养学生的设计技巧和设计能力。本书配备丰富的教学资源，通过智能识别技术“二维码”将线上线下知识衔接，很好地满足了学生随时随地学习的需求。

本书可作为高等职业院校室内设计、环境艺术设计、建筑学专业教材，也可供住宅设计师阅读、参考，同时对相关专业的设计人员有一定的参考和借鉴价值。

图书在版编目（CIP）数据

居住空间室内设计 / 赵肖主编.—北京：北京理工大学出版社，2023.1重印

ISBN 978-7-5682-6654-3

Ⅰ.①居…　Ⅱ.①赵…　Ⅲ.①住宅－室内装饰设计　Ⅳ.①TU241

中国版本图书馆CIP数据核字（2019）第012050号

出版发行 / 北京理工大学出版社有限责任公司

社　　址 / 北京市海淀区中关村南大街5号

邮　　编 / 100081

电　　话 / （010）68914775（总编室）

（010）82562903（教材售后服务热线）

（010）68944723（其他图书服务热线）

网　　址 / http：//www.bitpress.com.cn

经　　销 / 全国各地新华书店

印　　刷 / 河北鑫彩博图印刷有限公司

开　　本 / 889毫米×1194毫米　1/16

印　　张 / 10

字　　数 / 260千字

版　　次 / 2023年1月第1版第5次印刷

定　　价 / 59.00元

责任编辑 / 申玉琴

文案编辑 / 申玉琴

责任校对 / 周瑞红

责任印制 / 边心超

图书出现印装质量问题，请拨打售后服务热线，本社负责调换

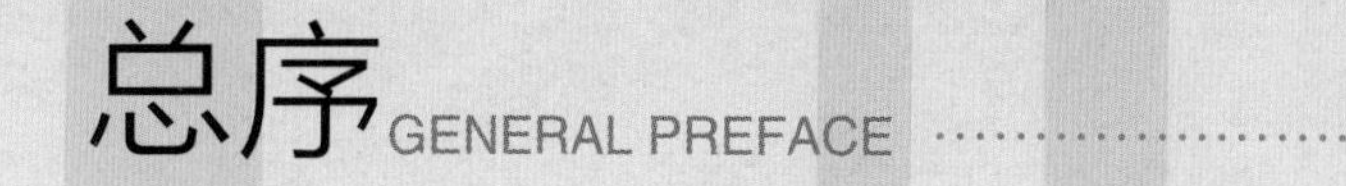

20 世纪 80 年代初，中国真正的现代艺术设计教育开始起步。20 世纪 90 年代末以来，中国现代产业迅速崛起，在现代产业大量需求设计人才的市场驱动下，我国各大院校实行了扩大招生的政策，艺术设计教育迅速膨胀。迄今为止，几乎所有的高校都开设了艺术设计类专业，艺术类专业已经成为最热门的专业之一，中国已经发展成为世界上最大的艺术设计教育大国。

但我们应该清醒地认识到，艺术和设计是一个非常庞大的教育体系，包括了设计教育的所有科目，如建筑设计、室内设计、服装设计、工业产品设计、平面设计、包装设计等，而我国的现代艺术设计教育尚处于初创阶段，教学范畴仍集中在服装设计、室内装潢、视觉传达等比较单一的设计领域，设计理念与信息产业的要求仍有较大的差距。

为了符合信息产业的时代要求，中国各大艺术设计教育院校在专业设置方面提出了“拓宽基础、淡化专业”的教学改革方案，在人才培养方面提出了培养“通才”的目标。正如姜今先生在其专著《设计艺术》中所指出的“工业 + 商业 + 科学 + 艺术 = 设计”，现代艺术设计教育越来越注重对当代设计师知识结构的建立，在教学过程中不仅要传授必要的专业知识，还要讲解哲学、社会科学、历史学、心理学、宗教学、数学、艺术学、美学等知识，以培养出具备综合素质能力的优秀设计师。另外，在现代艺术设计院校中，对设计方法、基础工艺、专业设计及毕业设计等实践类课程也越来越注重教学课题的创新。

理论来源于实践、指导实践并接受实践的检验，我国现代艺术设计教育的研究正是沿着这样的路线，在设计理论与教学实践中不断摸索前进。在具体的教学理论方面，几年前或十几年前的教材已经无法满足现代艺术教育的需求，知识的快速更新为现代艺术教育理论的发展提供了新的平台，兼具知识性、创新性、前瞻性的教材不断涌现出来。

随着社会多元化产业的发展，社会对艺术设计类人才的需求逐年增加，现在全国已有 1400 多所高校设立了艺术设计类专业，而且各高等院校每年都在扩招艺术设计专业的学生，每年的毕业生超过 10 万人。

随着教学的不断成熟和完善，艺术设计专业科目的划分越来越细致，涉及的范围也越来越广泛。我们通过查阅大量国内外著名设计类院校的相关教学资料，深入学习各相关艺术院校的成功办学经验，同时邀请资深专家进行讨论认证，发觉有必要推出一套新的，较为完整、系统的专业院校艺术设计教材，以适应当前艺术设计教学的需求。

我们策划出版的这套艺术设计类系列教材，是根据多数专业院校的教学内容安排设定的，所涉及的专业课程主要有艺术设计专业基础课程、平面广告设计专业课程、环境艺术设计专业课程、动画专业课程等。同时还以专业为系列进行了细致的划分，内容全面、难度适中，能满足各专业教学的需求。

本套教材在编写过程中充分考虑了艺术设计类专业的教学特点，把教学与实践紧密地结合起来，参照当今市场对人才的新要求，注重应用技术的传授，强调学生实际应用能力的培养。而且，每本教材都配有相应的电子教学课件或素材资料，可大大方便教学。

在内容的选取与组织上，本套教材以规范性、知识性、专业性、创新性、前瞻性为目标，以项目训练、课题设计、实例分析、课后思考与练习等多种方式，引导学生考察设计施工现场、学习优秀设计作品实例，力求教材内容结构合理、知识丰富、特色鲜明。

本套教材在艺术设计类专业教材的知识层面也有了重大创新，做到了紧跟时代步伐，在新的教育环境下，引入了全新的知识内容和教育理念，使教材具有较强的针对性、实用性及时代感，是当代中国艺术设计教育的新成果。

本套教材自出版后，受到了广大院校师生的赞誉和好评。经过广泛评估及调研，我们特意遴选了一批销量好、内容经典、市场反响好的教材进行了信息化改造升级，除了对内文进行全面修订外，还配套了精心制作的微课、视频，提供了相关阅读拓展资料。同时将策划出版选题中具有信息化特色、配套资源丰富的优质稿件也纳入到了本套教材中出版，并将丛书名由原先的“21 世纪高等院校精品规划教材”调整为高等职业教育艺术设计类新形态教材，以适应当前信息化教学的需要。

高等职业教育艺术设计类新形态教材是对信息化教材的一种探索和尝试。为了给相关专业的院校师生提供更多增值服务，我们还特意开通了“建艺通”微信公众号，负责对教材配套资源进行统一管理，并为读者提供行业资讯及配套资源下载服务。如果您在使用过程中，有任何建议或疑问，可通过“建艺通”微信公众号向我们反馈。

诚然，中国艺术设计类专业的发展现状随着市场经济的深入发展将会逐步改变，也会随着教育体制的健全不断完善，但这个过程中出现的一系列问题，还有待我们进一步思考和探索。我们相信，中国艺术设计教育的未来必将呈现出百花齐放、欣欣向荣的景象！

肖 勇 傅 祎

“建艺通”微信公众号

前言 PREFACE

居住空间与其他公共空间不同。居住空间是关乎个人生活内容、生活方式的个人空间，居住者是非常具体、独特的个体。居住空间虽小，但五脏俱全。不同的人有不同的审美，对居住空间设计的效果有不同的要求。不同时代的人对居住空间的需求也不尽相同。物质文明发展迅速，人们对居住空间的需求有什么变化，如何设计居住空间才能符合人们的需求，这是设计师需要考虑的重点，也是本书编写的根本出发点。

本书的编写具有以下特点：

第一，校企合作编写。按照行业工作特点，共同研究培养专业人才的方式与方法，从职业岗位需求、岗位工作流程反推教学内容、编写形式等。以情景式的项目为模块，以设计工作流程为编写思路，细化设计知识；以实际设计案例进行专项分析，深入引导学生带着目的学习；注重学生的实践体验，让他们真实了解设计师的实际工作内容、工作过程和工作方法，从而提高职业素质和职业技能。

第二，数字化新型教材。为适应互联网时代教学一体的学习环境，本书以“纸质教材+数字化资源”的形式编写。书中教学资源以二维码形式“点缀式”出现，供学生移动式、碎片化地学习，更加有利于学生的自主学习和课后练习。

本书由赵肖任主编，杨金花、宋雯任副主编，李寰宇任参编。此外，企业设计师郭亘、阎明、刘玉军、苗畅达、周小洲参与了本书的数字化资源建设工作，在此感谢他们的辛勤付出。

赵肖策划、制定编写本书提纲，并负责项目一“居住空间室内设计综述”、项目四“大户型居住空间室内设计”的编写和相关资源建设及全书整理工作；杨金花负责项目二“小户型居住空间室内设计”的编写和相关资源建设工作；宋雯负责项目三“中户型居住空间室内设计”的编写工作；李寰宇为本书项目一的编写提供了真实案例及企业一线工作信息，并负责相关数字化资源的录制工作。

感谢北京理工大学出版社提供的这次机会，让我们把多年的教学与实践积累的经验系统地展现在广大师生面前；感谢北京理工大学出版社的各位领导、编辑的鼎力支持和热心帮助；感谢在本书编写过程中提供支持及给予宝贵意见的同行、企业专家；感谢为本书提供优秀案例的相关企业设计师；感谢为本书案例提供优秀素材的相关同学。

本书参考和引用了国内外较多的优秀案例及作品，也引用了一些专家的设计理论，虽然已在参考文献中列明，但难免会有遗漏，在此谨向这些文献的作者和案例的设计者表示诚挚的谢意。

由于编者水平有限，书中疏漏及错误之处在所难免，敬请读者批评指正。

编　者

目录 CONTENTS

PROJECT ONE

项目一 居住空间室内设计综述

数字资源 1-1
任务一（课件）

数字资源 1-2
任务二（课件）

数字资源 1-3
任务三（课件）

数字资源 1-4
任务四（课件）

数字资源 1-5
任务五（课件）

数字资源 1-6
任务六（课件）

数字资源 1-7
任务七（课件）

	项目一	项目二	项目三	项目四
任务说明	通过对本项目的学习，了解居住空间室内设计的工作流程、如何进行整体方案设计，明确设计的任务、方法及步骤，能将设计理论贯穿整个设计过程中			
知识目标	1. 了解沟通的常识与项目接洽的知识 2. 了解居住空间室内设计的基础理论知识 3. 了解居住空间组织与计划的基本原则 4. 了解居住空间组织与计划要点 5. 掌握室内平面布置的设计程序 6. 掌握界面造型的基础知识 7. 掌握色彩、材质的运用知识 8. 了解软装饰的种类、配置以及布置原则			
能力目标	1. 能根据业主情况及需求进行设计的初步定位 2. 能根据空间的使用功能，分析、组织、计划空间 3. 能根据空间的使用功能，进行合理的系统设计 4. 能合理地进行平面空间布置并绘制平面布置图 5. 能运用形式美法则合理组织室内界面造型设计并完成立面、天花、地面图绘制 6. 能恰当地选择软装配饰，并提交软装提案 7. 能进行合理的材料选配及色调搭配 8. 能根据平、立面图，完成效果图制作并提供完整的项目设计方案			

续表

	项目一	项目二	项目三	项目四
工作内容	1. 仔细阅读“项目任务书”，了解项目的总任务、设计要求 2. 学习与居住空间设计有关的知识 3. 完成方案的初步设计及深入规划 4. 完成方案的各类型图纸绘制 5. 汇报演示文稿编写与方案提交			
工作流程	初步设计定位—认知空间—创意思维训练—平面空间组织与表达—方案审查—环境系统分析—平面布置图绘制—界面设计—立面、地面与天花图绘制—软装提案制作—效果图表现—课程报告书编写—汇报			
评价标准	项目任务解读能力 10% 设计定位准确性 20% 空间分区及布置合理性 20% 界面造型设计创新性 10% 室内软装饰设计适用性 10% 图纸呈现效果 30%			

任务一　设计项目接洽及测量

本项目位于辽宁省大连市中山区秀月街 313-399 号，项目建筑面积 118.9 m^2，户型为三室两厅两卫一厨。

一、项目接洽及与业主沟通

当今的装饰公司数量繁多，设计作品层出不穷，如何让自己的设计脱颖而出得到业主的认可，从而达到签订合同的目的，与业主进行交流和沟通无疑占有举足轻重的地位。与业主的多方面沟通达到一定程度后，要注意将业主提供的各方面信息进行全面整理与分析。

1. 明确信息

明确信息即明确业主清晰表达出来的信息，如家庭成员、年龄、性格、爱好等。这些信息一般在与业主的初次沟通后就能得到，可以帮助设计师进行整体空间的划分，确定设计风格。

2. 隐含信息

隐含信息即业主间接表达出来的信息，如生活习惯、经济条件、工作、信仰、身份、文化底蕴等。这类信息业主一般不会直接进行表述，需要设计师根据生活经验和专业来判断。读取出较多的隐含信息并以之为基础付诸实践，可使客户对设计方案有较高的满意度。

3. 期望信息

业主一般不会将期望信息明确表达出来，如花费要少、效果要好，能在满足其基本要求的基础上满足其个性化需求，设置专门的儿童游戏区、父母与子女的书房，在闲置角落设计一个储物空间等。

二、现场勘察及测量

现场勘察是设计前期准备工作中十分重要的环节，它是设计的出发点和依据，所有的洽谈、灵感、方案设计、材料选择等都是以它为中心展开并为它服务的。因此，在接到项目后，第一步就是到现场进行勘察、测量，调研基地的相关信息。通过深入了解空间的内部结构和外部环境，设计师可以实地感受现场的环境和空间比例关系，为下一步的设计做好针对性的准备工作。

1. 测量设备

简单设备有手持激光测距仪、钢卷尺（5 m、10 m 均可）、速写本、速写笔，另外准备照相机，以记录现场空间关系、设备设施和周围环境。

2. 测量内容

（1）空间基本尺寸

尺寸是设计的基本依据，因此要详细测量现场各个功能空间的长、宽、高及墙柱尺寸，特别是门厅、过道、阳台尺寸。在此基础上可绘制出清晰的原始平面框架图，以便合理地安排功能空间，如图 1-1-1 所示。

（2）细部尺寸

细部尺寸是测量中很容易忽略，但却会严重影响设计的内容，因此，如飘窗高度、梁底高度、马桶蹲位距离等细部尺寸需要注意测量，如图 1-1-2 所示。

（3）采光通风空间尺寸

采光与通风会直接影响平面布置，因此对影响采光与通风的门、窗、洞口、阳台、露台、飘窗、天花、梁板等需要重点测量，标出位置，注明标高。

图 1-1-1　空间基本尺寸测量（项目现场）

图 1-1-2　空间细部尺寸测量（项目现场）

3. 现场勘察

（1）结构

要标明柱、梁、承重墙和非承重墙的位置、尺寸。承重墙在设计时绝对不能被破坏；非承重墙虽然从结构上讲可以拆除，如窗台以下的部分，但住宅的结构是设计的骨架，拆除时需要特别留意。

（2）设备

住宅中存在着许多设备，如上下水管、排污管、天然气管、管道井、配电箱等，大多不能随意移动，但也要依据设计需求而定。还有一些强电、弱电、开关、插座之类的设备，虽然可以改造，但需要特别重视安全隐患问题，如图 1-1-3 所示。

图 1-1-3 空间设备调研（项目现场）

（3）基地范围及周边环境

了解基地周围的交通情况，可以方便地确定室内动区、静区的划分；清楚住宅采光情况，如楼层较低或前面有遮光建筑，就要以浅色调为主，适当提高室内亮度；熟悉住宅朝向情况，若是较为嘈杂，就要注意隔声，若是风景较好，则可以扩展视野。

4. 信息记录

（1）现场勘察记录表

现场勘察记录表，如表 1-1-1 所示。

表 1-1-1 现场勘察记录表

项目名称		设计号：
设计阶段	□方案阶段 □深化阶段	勘察人员：
工程概况	◎主体结构 ◎建筑面积 ◎建筑高度 ◎项目类型 □毛坯房 □装修房 ◎建筑层数 ◎其他	
设计范围		
勘察记录		
需要解决的问题		
记录人		

（2）绘制草图

将测量数据和结果以平面草图的形式进行记录，要求尺寸必须按照实际标注。标注尺寸时，一般按照正面朝向物体进行标注，可以避免墙体双向尺寸出入所引起的误会；房屋高度、梁底高度、窗户高度以“m”为单位进行标注。注意标注指北针和设备，必要时可加立面图进行补充，如图 1-1-4 所示。

5. 设计委托及合同签订

设计师与业主经过洽谈与现场勘查，若是有一定的合作意向，一般会以《设计委托合同书》的形式确立下来。合同书对业主与设计方都有一定的约束力。

三、项目任务书

项目任务书是在项目接洽的基础上，将设计师与业主沟通的结果归纳总结，所形成的项目基本情况与要求记录，是整个设计项目的原始依据。任务书内容一般包括项目名称、项目地点、项目概况、项目工作内容及范围、居住者信息、艺术风格倾向、预算投入等，如表 1-1-2 所示。

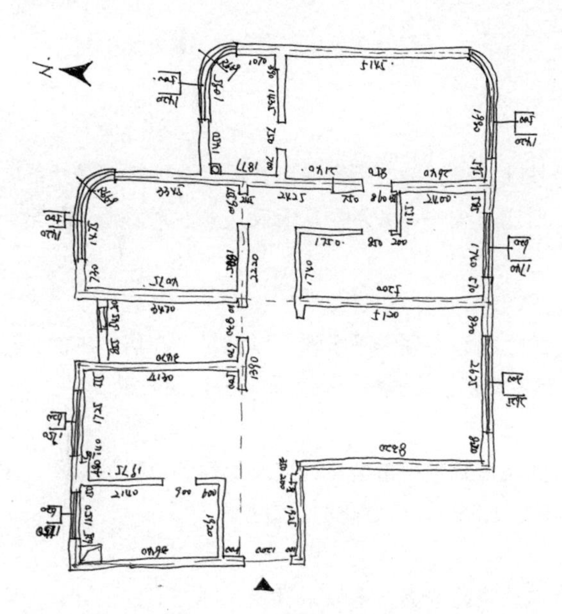

图 1-1-4　空间测绘草图

数字资源 1-1-1
CAD 原始框架绘制

数字资源 1-1-2
设计委托合同书

表 1-1-2　项目任务书

项目名称	辽宁省大连市中山区明秀山庄设计项目				
项目地点	辽宁省大连市中山区秀月街 313-399 号				
户　型	三室两厅两卫一厨	建筑面积	118.9 m^2	文化程度	研究生
业主职业	教师	业主年龄	50 岁	经济状况	较好
宗教信仰	无	资金投入	30 万	兴趣爱好	旅游、读书
家庭成员	一家三口（女儿 18 岁），偶尔会有老人				
周边环境	明秀山庄地处中山区解放路秀月街北，背依秀月山，东接老虎滩 AAAA 景区，南临燕窝岭山海景观，西近付家庄景区，北达青泥洼商业区。项目位于房地产学校及十五中北侧，四面青山环绕，坐拥市中心近乎绝迹的秀月峰原生态山地景观，漫山青翠，飞鸟成群，清冽的空气中弥漫着松脂和橡木的怡人气息，是一处出则繁华、入则静谧的城市山居高尚住宅区				
风格倾向	欧式				
基本要求	1. 倾向温馨浪漫的欧式风格 2. 设计元素、线条不要烦琐 3. 色彩明亮、温馨 4. 营造出一定的文化氛围 5. 卫浴间要干湿分离 6. 要有独立的衣帽间				
空间范围	玄关、客厅、餐厅、厨房、书房、主卧、次卧、主卫、客卫、衣帽间				
设计成果	1. 全套施工图 2. 效果图 3. 软装提案				

四、设计内容

1. 空间布局

以人在住宅空间中的生活行为活动为基础，根据各空间的使用性质，总体规划各功能空间的尺寸与比例，解决空间与空间之间的衔接、对比与统一等关系，从而满足业主对舒适、安全、方便、经济等方面的要求。

2. 人体工程学

从自身角度出发，运用人体测量学、生理学和心理学等学科，以满足人在居室中的生理心理活动需求，通过合理选择居室中的家具尺寸和设备摆放位置等，取得最佳的使用效果。

3. 界面设计

对地面、墙面、顶棚等各界面运用形式美法则进行造型设计以及材料和色彩的应用，展现出界面的色彩、质感、形式，并通过这些内容营造出舒适、个性化的居室氛围。

4. 软装设计

在满足居住功能的前提下，根据设计风格进行家具、陈设以及绿化等方面的设计，为客户营造更为舒适、个性的居住环境，既满足客户的生理需求，同时满足客户的心理需求。

知识链接

一、居住空间室内设计的概念

据调查，正常人一生在家中的时间大概占 1/3 以上。并且，居住空间还是人们休闲、休息、接待亲朋的场所。各种各样的因素导致人们对居住空间的关注越来越多，以至于今日，任何人都清楚在入住“家”之前需要进行装修。居住空间设计正是围绕着居住环境进行的一系列改善、美化创造性活动，是根据不同业主的个性需求，通过空间划分、界面设计、软装配饰等方面对空间进行再设计，从而满足人对居住空间的物质要求和精神寄托的活动，如图 1-1-5、图 1-1-6 所示。

图 1-1-5　空间设计前状态

图 1-1-6　设计效果图

二、居住空间室内设计的原则

每个居住空间都要满足人们最基本的生活需求，同时其设计要因人而异，要有特点，所以设计时要具体情况具体分析，设计师应考虑以下几个设计原则。

1. 功能性原则

要求居住空间的装饰装修、陈设布置等最大限度地满足功能需求。居住空间的使用功能有家庭团聚、会客、休息、饮食、浴洗、视听、娱乐、学习、工作和睡眠等 50 多种，在动与静、主与次的关系上相当明确，所以设计时需要根据各功能空间的特点进行合理的布局，从而为人们提供高效、便利的生活环境，如图 1-1-7 所示。

2. 经济性原则

经济性原则是指以最小的经济消耗达到最大的目的。设计方案要为大多数消费者所接受，必须在“经济”和“质量”之间谋求一个平衡点。要注意降低成本不能以损害工程质量为代价。

3. 美观性原则

追求美是人的天性，但美因人而异，所以针对不同的人的设计，美的标准也大不相同。美能让设计更具文化性、地域性、独特性，如图 1-1-8 所示。

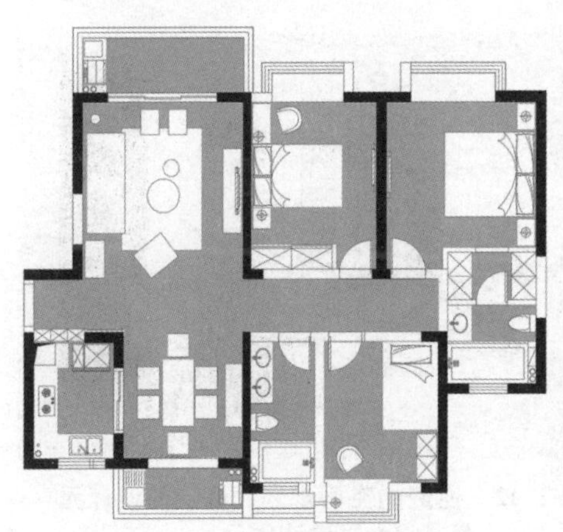

图 1-1-7　功能空间合理划分

图 1-1-8　空间美观性设计（镇江 1820 室内设计工作室设计作品）

4. 个性化原则

设计要有独特的风格，缺少个性的设计是没有生命力与艺术感染力的。无论在设计的构思阶段还是深入阶段，只有辅以新奇的构想和巧妙的构思，设计才能有勃勃生机，如图 1-1-9 所示。

5. 环保性原则

随着科技的进步，装饰材料日新月异，为设计师提供了更多的选择，但与此同时，也为居住空间设计带来了一些影响。例如，胶合板、地毯、家具等中含有甲醛，塑料、合成纤维等中含有苯，涂料、油漆等中含有三氯乙烯等。因此，在设计过程中应尽量选用一些环保性装饰材料与陈设物品，或采用一些具有特殊功能的植物进行装饰，如图 1-1-10 所示。

三、居住空间室内设计风格特征

室内设计风格属于室内环境中的艺术造型和精神功能范畴，一个方案最先确定的应该是风格，确定了风格才可以继续进行方案设计。掌握各种风格的特征是设计中最为重要的内容。

图 1-1-9 空间个性化设计

图 1-1-10 空间绿色设计（镇江 1820 室内设计工作室设计作品）

1. 现代风格

现代风格强调突破旧传统，重视功能和空间组织；注重发挥结构本身的形式美，造型简洁，反对多余装饰；讲究材料的质地，一般选用装饰板、玻璃、皮革、金属、塑料等来表现家居氛围；同时也注重室内空间的通透性，墙面、地面、天棚和室内陈设均以简洁的直线造型展现功能美。现代风格要求设计尽可能取消繁杂的装饰，做到简约而不简单；色彩简化到最少的程度，如采用黑、白、灰能将现代风格表现得酣畅淋漓，也可采用强对比色，凸显个性，如图 1-1-11、图 1-1-12 所示。

图 1-1-11 简约的界面设计、自然的材料应用（翼森空间设计作品）

图 1-1-12 通透的空间规划、简洁的设计元素（陈女青设计作品）

2. 简约风格

简约风格注重设计上的细节把握。对比是简约装修中惯用的设计方式，喜把两种不同的事物、形体、色彩等做对比，如方与圆、新与旧、大与小、黑与白、深与浅、粗与细等。通过把两个明显对立的元素放在同一空间中，经过设计，使其既对立又和谐，既矛盾又统一，获得鲜明对比，求得互补和满足的效果。例如，用背景墙确定设计的主色调，选择不与主色调冲突的家具，再利用软装饰色彩进行协调，如图 1-1-13、图 1-1-14 所示。

图 1-1-13 主色与家具协调（一间设计作品）

图 1-1-14 深与浅的对比（一间设计作品）

3. 后现代主义风格

后现代主义风格是一种在形式上对现代主义进行修正的设计理念，常用的手法是设置夸张、变形的柱式和断裂的拱券，或把古典构件的抽象形式以新的手法组合在一起，即采用非传统的混合、叠加、错位、裂变等手法和象征、隐喻等手段来塑造室内环境；材质上常用铁制构件，将红砖、水泥、皮革、玻璃、瓷砖等新工艺综合运用于室内；常由曲线和非对称线条、几何形状、怪诞图案以及自然界各种优美的波状形体图案等，体现在墙面、栏杆、窗棂和家具等装饰上，如图 1-1-15、图 1-1-16 所示。

4. 传统中式风格

中式风格通过一定的意境、元素等表达传统文化，既可气势磅礴、华丽壮美，又可清雅含蓄；在布局设计上严格遵循均衡对称原则，装饰色彩以端装、稳重为主。

传统中式风格家具多选用硬木精制而成，明清家具是首选，如圈椅、案、榻、架子床等；墙面装饰可简可繁，可以通过木雕、书法、绘画展现业主的文化内涵；装饰细节上多以吉祥图案为主，崇尚自然情趣、花鸟鱼虫等，要富于变化，体现出意境；色彩一般以原始木色、中国红、黑色或黄色为主色，如图 1-1-17、图 1-1-18 所示。

5. 新中式风格

新中式风格是对中国传统风格在当前时代背景下的演绎，也是在对中国当代文化充分理解的基础上进行的现代化设计。新中式风格是通过对传统文化的认识，将现代元素和生活符号进行合理的搭配、布局，让设计中既有传统韵味又更多地符合现代人的审美观念，让传统艺术在当今社会得到合适的体现。材料偏重于木材、石材等，但即使是玻璃、金属等，一样可以展现新中式风格，如图 1-1-19 所示。花鸟虫鱼、梅兰竹菊等传统图案结合简洁的直线条，使新中式风格更加实用，更富有现代感，如图 1-1-20 所示。

图 1-1-15　水泥材质曲线楼梯（上海观介室内设计有限公司周军设计作品）

图 1-1-16　裂变手法设计（武汉 C-IDEAS 陈放设计作品）

图 1-1-17　中式风格家居空间（菲拉设计作品）

图 1-1-18　架子床（菲拉设计作品）

图 1-1-19　传统材料的新应用（付雨鑫设计作品）

图 1-1-20　传统图案“梅”的新应用（应文婉设计作品）

6. 新欧式风格

新欧式风格在保持现代气息的基础上，变换各种形态，选择适宜的材料，再配以适宜的颜色，极力让厚重、奢华、繁杂的欧式风格体现出一种别样的简约风格。在新欧式风格中，不再追求表面的奢华和美感，而是更多地解决人们生活中的实际问题。在材料上，多选用镜面玻璃、花纹壁纸、软包、大理石、护墙板、丝绒、装饰线等，如图 1-1-21 所示；在色彩上，多选用浅色调，以有别于古典欧式风格因浓郁的色彩而带来的庄重感；在家具上，保留了传统材质和色彩的大致风格，摒弃了复杂的肌理和装饰，追求线条简化，如图 1-1-22 所示。

数字资源 1-1-3
谈单技巧

数字资源 1-1-4
设计风格"全解析"

图 1-1-21 镜面玻璃、装饰线应用
（缤纷设计作品）

图 1-1-22 线条简化的复古家具
（上海映象设计作品）

任务二 空间规划与布置

一、功能空间需求分析与确定

接到设计项目，设计师通过与业主沟通，收集业主相应功能空间需求的信息，进行归纳整理、一一罗列，并分析业主对各种功能空间需求的强烈程度，如必须具备、期望具备等，然后根据空间的原始结构进行合理化布置，尽可能地满足业主的需求，如图 1-2-1、图 1-2-2 所示。

二、平面布局优化

分析原建筑平面结构的优点和缺点，寻找其中满足业主需求时存在的不足之处，提出解决方案，使平面布局达到最优化，最大限度地满足业主的功能空间需求，如图 1-2-3、图 1-2-4 所示。

三、功能空间的组织与规划

功能空间规划的原则是方便生活、尊重隐私、动静区分、内外有别，忌动静混合、内外不分。所以，应本着这一原则，进行功能空间的组织与规划，如图 1-2-5、图 1-2-6 所示。

数字资源 1-2-1
平面空间"合理"布局

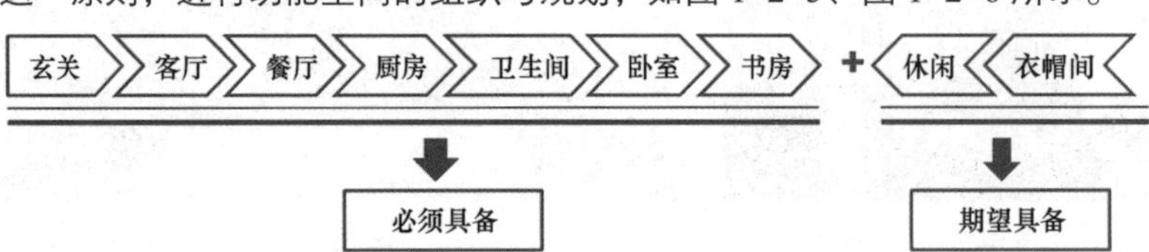

图 1-2-1 业主功能空间需求分析

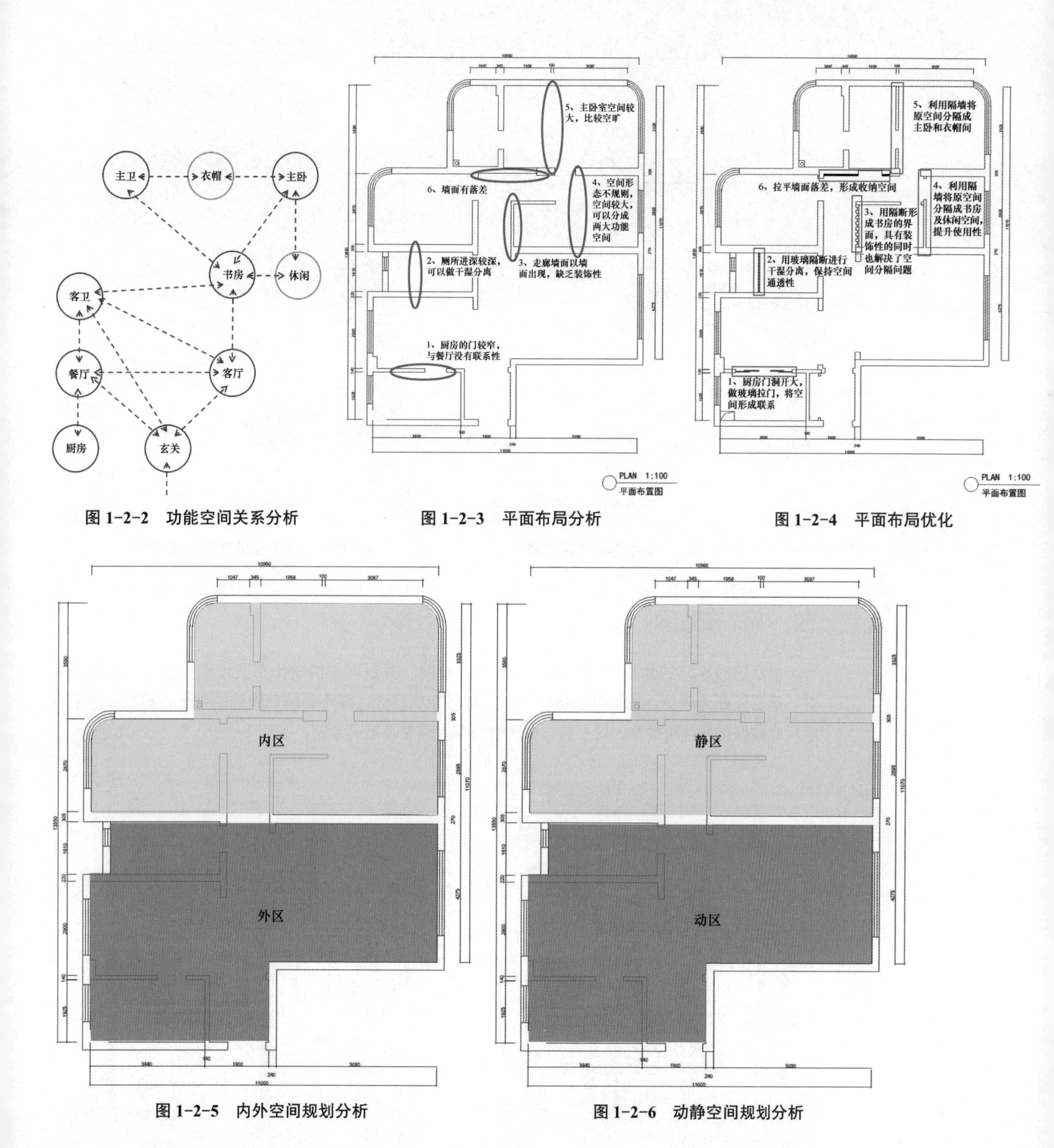

图 1-2-2　功能空间关系分析

图 1-2-3　平面布局分析

图 1-2-4　平面布局优化

图 1-2-5　内外空间规划分析

图 1-2-6　动静空间规划分析

四、功能空间位置确定

在功能空间需求分析以及功能空间组织与规划的基础上，根据业主对功能空间的需求以及空间的功能性及所需面积大小的要求进行功能空间位置的确定，确定入口位置，确定各功能空间的联系性与联系方式，如图 1-2-7、图 1-2-8 所示。

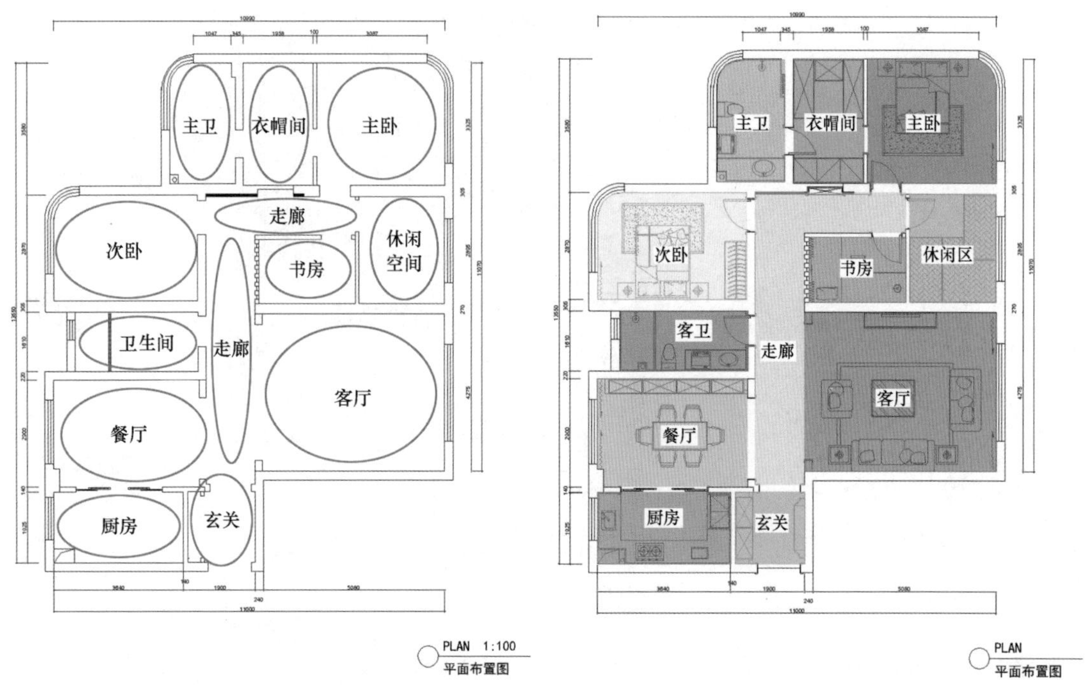

图 1-2-7　功能空间位置思考　　**图 1-2-8　功能空间位置确定**

五、平面布置图

根据已经确定的功能空间位置进行平面图绘制，并进行室内初步布置，包括家具、隔断等内容。然后以此为依据，以方便快捷为原则，进行动线设计，在不影响动线的基础上，根据人体工程学尺寸数据以及调研数据，对平面布置图进行深入调整及准确绘制，如图 1-2-9、图 1-2-10 所示。

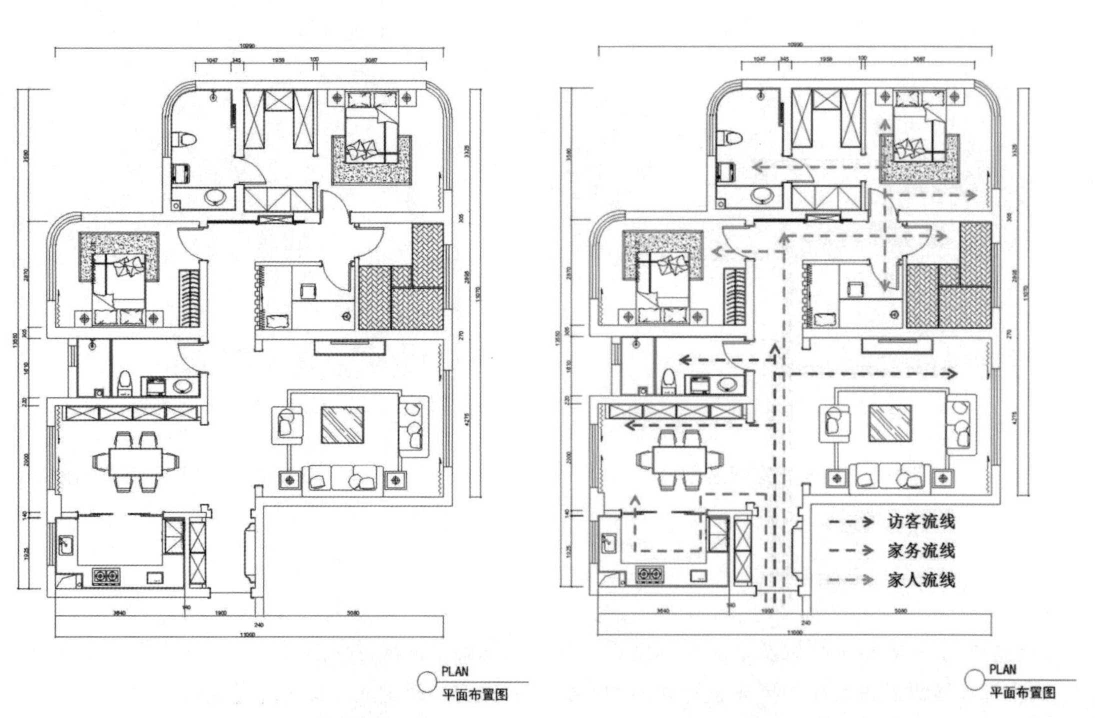

图 1-2-9　平面布置图　　**图 1-2-10　空间流线分析**

知识链接

一、空间类型

空间由顶界面、墙面和地面围合而成。居住空间分为功能空间（图 1-2-11）和形式空间（图 1-2-12）两大类。

1. 功能空间

（1）公共空间

公共空间指家庭的对外空间或集中活动空间，如玄关、客厅、起居室、餐厅等。公共空间既是家庭生活聚集的中心，也是家庭和外界交流的场所，传达主人的内涵与文化底蕴。

（2）私密空间

私密空间指个人活动空间，带有较强的私密性，如浴室、书房、卧室等。

（3）家务空间

家务空间指家庭成员用来进行家务活动的空间，如厨房、洗衣房等。

2. 形式空间

（1）灰空间

灰空间是介于室内空间与室外空间之间的一种模糊的空间形式，如阳台、走廊、玄关等，如图 1-2-13 所示。

（2）开敞空间

开敞空间是具有开放性、通透性的动态外向型空间，如客厅、餐厅等，如图 1-2-14 所示。

（3）封闭空间

封闭空间是具有私密性、独立性、排他性、安全感的静态内向型空间，如书房、卧室、浴室等，如图 1-2-15 所示。

二、空间分隔利用

居住空间设计首要是针对空间的组织与划分，即设计者根据空间的形式、功能、特点以及业主心理需求，利用虚与实两种分隔方式划分出实用、合理又灵动的功能空间，如图 1-2-16 所示。

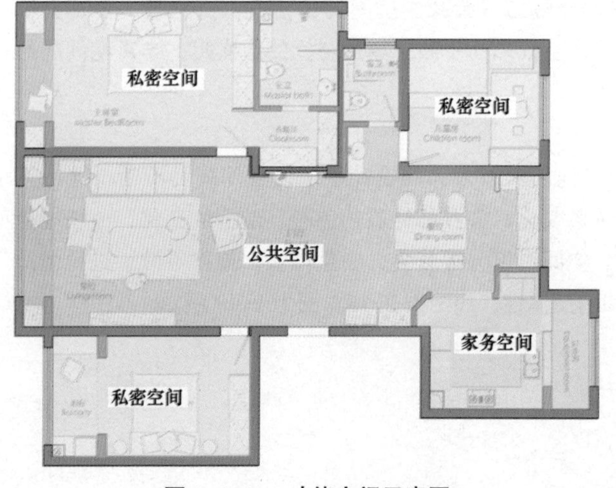

图 1-2-11　功能空间示意图

图 1-2-12　形式空间类型分析图

图 1-2-13 玄关灰空间
（清羽设计作品）

图 1-2-14 客厅开敞空间
（清羽设计作品）

图 1-2-15 书房、卧室封闭空间
（清羽设计作品）

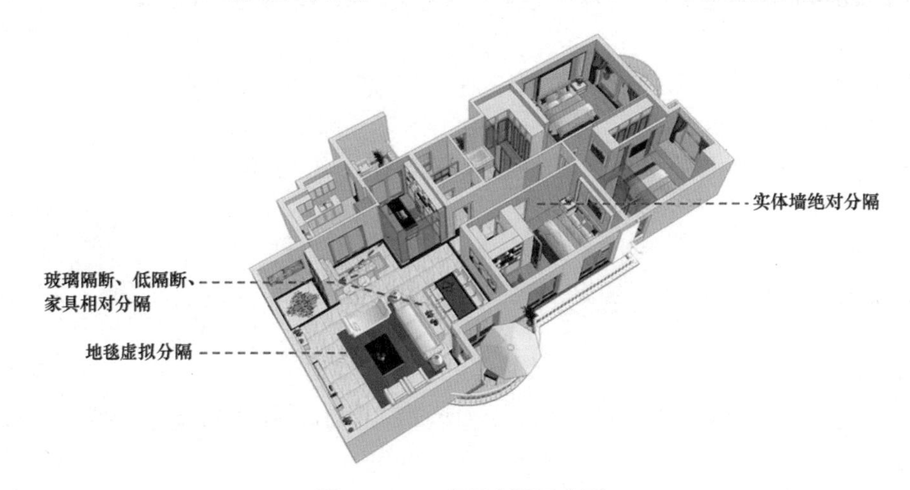

图 1-2-16 空间分隔示意图

1. 实体分隔

（1）绝对分隔

绝对分隔是指利用实体墙将空间进行划分。这种分隔方式缺少可变性，空间不可以随人的需求而变化，但具有绝对的私密性、安全性、固定性，是居住空间的必要分隔形式。

（2）相对分隔

相对分隔是指用半封闭的形式分隔空间，使空间和空间既有分隔又相互联系，如利用矮墙、家具、屏风、帷幔等进行空间的灵活分隔。这种分隔方式会减少空间的私密性、安全性，但却会增加空间的可变性、通透性、开放性、流动性，让空间隔而不断，增加空间的层次感，丰富空间的形态，如图 1-2-17 所示。

2. 虚拟分隔

虚拟分隔指用墙体、家具等实物以外的其他因素以人为的设计手法使空间隔而不断、连而无界。例如，适当地抬高或降低地面，天花的造型变化，各界面材质、色彩、造型的变化，一块地毯或者一束光影都可以灵活地将空间进行划分。空间过度分隔就会失去整体性，显得零散。进行虚拟分隔，既可以分隔功能空间，又可以保证空间的整体性，如图 1-2-18、图 1-2-19 所示。

三、各功能空间设计方法

1. 玄关

根据心理学家的研究结果，第一印象会产生在初见事物的 7 秒内。对于居住空间而言，玄关是

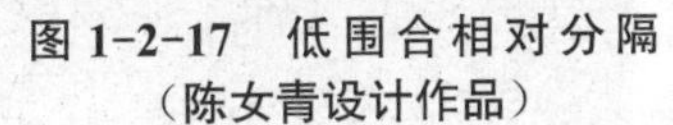

图 1-2-17 低围合相对分隔（陈女青设计作品）

图 1-2-18 天花造型及材质变化形成空间虚拟分隔

图 1-2-19 地面材质变化形成空间虚拟分隔

进入空间的第一场所，是体现主人品位和家居风格的第一体现空间，更是统领整个居室空间的咽喉要地，因此，玄关布置得好坏关乎住宅的质量。

（1）玄关的作用

①隔断性。玄关位于入户处，是从室外向室内转换的一个过渡性空间，起到一种遮挡与缓冲的作用，避免了客人进门就对整个居住空间一览无余，保护了主人家的私密性。它将室外的喧嚣、紧张、疲惫阻隔，转换为家的宁静与自由，如图 1-2-20、图 1-2-21 所示。

②装饰性。玄关的设计在整个设计中起着掌控全局、引领风格的作用。一个小小的中式挂件、一个柔美的欧式雕塑都可以让人第一时间感受到整个家的风格趋向，彰显了主人的品位与个性，如图 1-2-22、图 1-2-23 所示。

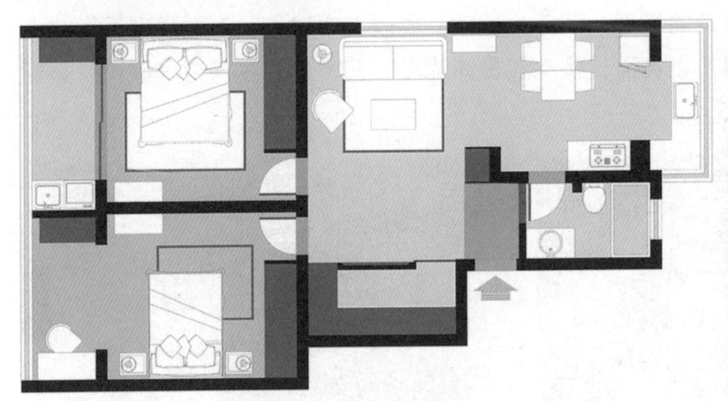

图 1-2-20 玄关平面位置（木桃盒子设计作品）

图 1-2-21 玄关的隔断性作用体现（木桃盒子设计作品）

图 1-2-22 地中海风格玄关的装饰性

图 1-2-23 新中式风格玄关的装饰性

③收纳性。人的衣物、鞋子、钥匙、手机等物品需要一个收纳空间，要求尽可能地为业主进出居室提供便捷，玄关柜的储物功能可满足用户的这一需求，同时进行视觉阻隔，如图 1-2-24、图 1-2-25 所示。

（2）玄关的设计类型

①全隔断。指玄关的设计为由地面至天花的完整空间设计，这种设计能增加室内空间的私密性，设计时要注意自然采光。这种设计不适合较小的玄关空间，如图 1-2-26 所示。

图 1-2-24 欧式风格玄关柜
（武汉美宅美生设计作品）

图 1-2-25 中式风格玄关柜
（应文婉设计作品）

②半隔断。部分遮挡式设计，既能避免视觉的拥堵感，又能起到分隔空间的作用，如图 1-2-27 所示。

③虚拟隔断。在天花、墙面或者地板上应用不同的材料、颜色来区分空间，打造视觉分隔，暗示玄关的存在。这种方法适合面积较小的客厅，如图 1-2-28 所示。

（3）玄关的设计形式

①低柜式。以低柜式玄关柜做隔断体，既可收纳物品，又能起到划分空间的作用，如图 1-2-29 所示。

②柜架式。半柜半架，上部采用通透的格架，下部为柜体；或以左右对称、中部通透等形式设置；或用不规则手段，虚、实、散、聚，以镜面、挑空和贯通等多种艺术形式进行综合设计，达到美化与实用并举的效果，如图 1-2-30 所示。

图 1-2-26 全隔断玄关
（壹度设计作品）

图 1-2-27 半隔断玄关
（寓子设计作品）

图 1-2-28 虚拟玄关

图 1-2-29 低柜式玄关（松艺设计事务所设计作品）

图 1-2-30 柜架式玄关（无界设计作品）

③半敞半蔽式。以隔断上、下部为遮蔽式柜体设计，中间留空作为装饰，可贯通彼此相连至天花，如图 1-2-31 所示。

④格栅围屏式。主要是以镂空格栅作隔断，既可以起到装饰作用，又能形成对空间的划分，但相对缺少实用性，仅能进行零散物品的收纳，而不能进行大物件收纳，如图 1-2-32 所示。

⑤玻璃通透式。是以透明钢化玻璃、压花玻璃、艺术玻璃等通透或半通透的材料作隔断，既可以分隔空间，又能保持空间的整体性，美观、时尚、大方，但完全没有实用功能，如图1-2-33 所示。

图 1-2-31　半敞半蔽式玄关

图 1-2-32　格栅围屏式玄关（格纶设计作品）

图 1-2-33　玻璃通透式玄关（集参设计作品）

课外延展

（1）设计误区与解决方法

①大门与阳台门或窗相对，形成“窗堂风”平面格局，如图 1-2-34 所示。

解决方法：由于大门正对客厅落地窗，所以在玄关增加隔断，打造回转空间，使气流迂回进入室内，既不会阻挡通风，也不会让气流直吹居住者，又不会让整个空间一览无余，避免了外界对家的窥视，如图 1-2-35 所示。

②镜子正对大门，如图 1-2-36 所示。

解决方法：在玄关安装镜子，主要是为进出家门前整理仪容使用，但镜子不要正对大门，以免因为镜子反光形成影像吓到来客，可旋转在一侧，如图 1-2-37 所示。

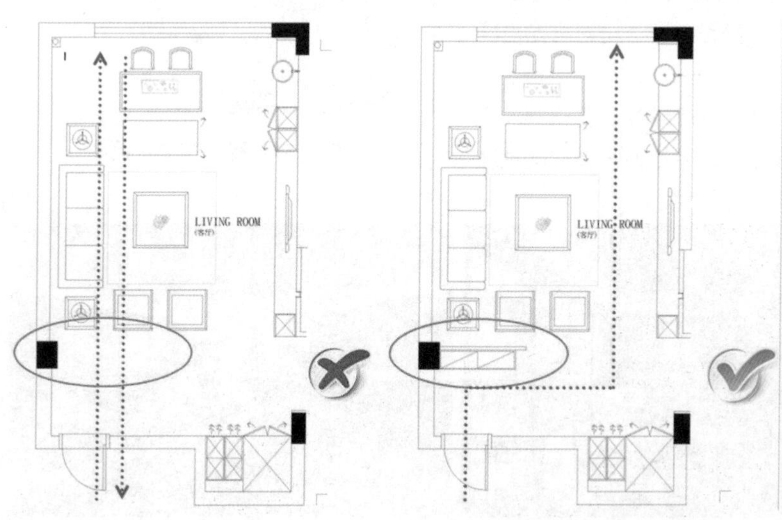

图 1-2-34　错误平面布置

图 1-2-35　正确平面布置

图 1-2-36　玄关镜错误摆放

图 1-2-37　玄关镜正确摆放

数字资源 1-2-2
玄关格局巧经营

数字资源 1-2-3
玄关设计大师支招

数字资源 1-2-4
玄关“巧”设计

数字资源 1-2-5
创·意·家客厅空间
案例分析

数字资源 1-2-6
客厅“布局”要点

（2）营造技巧

可遵循“开门见三”原则（如图 1-2-38 所示）：a. 见到红色装饰；b. 见到绿色植物；c. 见到图画。

图 1-2-38 玄关营造“开门见三”

2. 客厅

客厅是居住空间中的对外区域和重要的生活区域，具备聚会、休闲、活动、娱乐、阅读等多种功能，同时兼具对外联系交往的功能。客厅可以对外展示主人的个性品位、文化修养、兴趣爱好，对内满足主人的使用需求，是居住空间设计中最重要的核心区域。

（1）客厅的设计原则

①主次分明、相对隐蔽。客厅是一个家庭的核心，在一个空间中形成若干个功能区域，从而满足休闲、聚会等多种功能性需求，空间划分一定要主次分明。以休闲、聚会为主的客厅由沙发、座椅、茶几、电视柜围合而成，同时可以装饰地毯、背景墙、天花、灯具以及各种饰品，强化视觉中心感。

客厅在一般布局上来看与门户相连，要采取一定的措施进行空间分隔，在门户和起居室之间设置屏门、隔断或玄关柜，都是很好的设计手段，如图 1-2-39、图 1-2-40 所示。

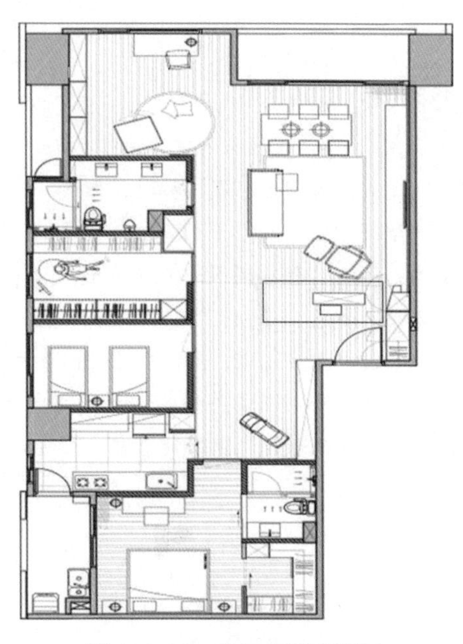
图 1-2-39 客厅布局平面图

②风格明确、个性鲜明。客厅的风格是一个居室风格的风向标，因此诠释好客厅的风格十分重要，因为这关系着整个设计的走向。

不同的风格展示着不同的个性，每个设计的风格确定都需要以业主的喜好为基准，在此基础上，设计师将界面、色彩、软装等各方面细节进行深入的布置，每一个细节都能反映出主人不同的需求、个性、文化、品位，如图 1-2-41 所示。主题墙是风格展现最好的载体，也是最引人注意的地方，设计得好，可以对整个设计起到画龙点睛的作用，如图 1-2-42 所示。

③分区合理、通行流畅。好的客厅设计，要根据业主的需要进行合理的功能划分，可以采用软性区分和硬性区

图 1-2-40 主次分明、相对隐蔽的客厅空间

图 1-2-41 个性鲜明的东南亚风格客厅（邱春瑞设计作品）

图 1-2-42 客厅主题墙

分两种方法。

a. 软性区分。是用“暗示法”塑造空间，利用材料、色彩、灯光等来划分。比如通过吊顶造型从上部空间进行区分，利用地面材料进行区域划分，如图 1-2-43 所示。

b. 硬性区分。是把空间分成相对封闭的几个区域来满足不同的功能需求，主要是通过隔断、家具的设置等，从大空间中独立出一些小空间来，但这种所谓的硬性区分也具有相对性，如图 1-2-44 所示。

更复杂的功能划分就需要利用交通流线来进行，可在居住空间中形成行走流线，让整个空间的完整性和安定性不受到破坏，因而在区域划分时要注意使用。

④良好通风、自然采光。要营造良好的居住环境，除了视觉感观要考虑到以外，生理感受也极为重要，营造洁净、适宜人居住的室内环境，保证良好的空气流通和充足的自然采光是极为重要的。客厅的窗户一般尺寸较大，这就满足了室内自然采光的需要和人偏爱宽敞空间的心理需求，如图 1-2-45、图 1-2-46 所示。

（2）客厅的平面布局

由于家具摆放的位置不同，客厅也呈现出不同的布局形式，常见的有 L 形、U 形、一字形、分散式、相对式 5 种。

① L 形布局。沿两面呈 L 形的墙体进行家具的布置，是一种比较开放的布置形式。这种布置形式相对大气，可以在一面设置电视柜，并设计一面主题背景墙等。这也是一种最常见的布置形式，如图 1-2-47、图 1-2-48 所示。

② U 形布局。这种布局是目前比较常用的一种布局形式，沙发或柜子围绕茶几三面布置，相对对称，开向对着电视背景墙，形成一种相对私密的聚会、会客空间，如图 1-2-49、图 1-2-50 所示。

图 1-2-43　利用地毯进行软性区分

图 1-2-44　利用家具进行硬性分区

图 1-2-45　多扇窗户保证通风与采光（梵之设计作品）

图 1-2-46　落地窗保证通风与采光（连自成设计作品）

图 1-2-47　L 形布局客厅（太合麦田设计作品）

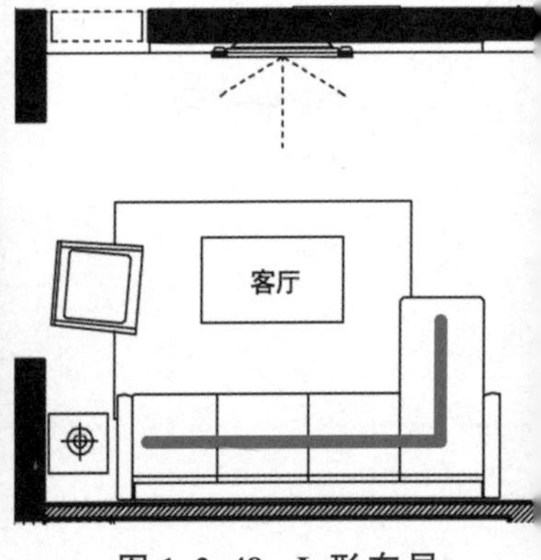

图 1-2-48　L 形布局平面图

图 1-2-49 U 形布局客厅（付雨鑫设计作品）

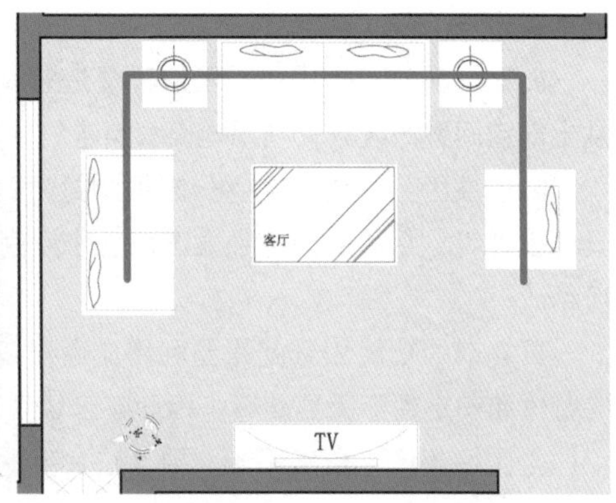

图 1-2-50 U 形布局平面图

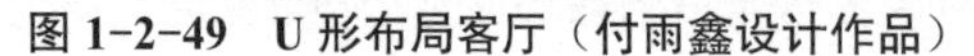

③一字形布局。沙发呈一字形靠墙布置，前面摆放茶几，适用于面积较小的客厅空间，既可以很好地节约空间，又可以满足需求，如图 1-2-51、图 1-2-52 所示。

④分散式布局。这是一种随意性较大的布局方式，业主可以依据自己的喜好将家具按照最舒适、最休闲、最便捷的方式进行个性化摆放，一般适合大空间客厅，如图 1-2-53、图 1-2-54 所示。

⑤对称式布局。在我国传统风格中较为常见，形成一种绝对或相对对称的形式，塑造一种庄重、肃穆的气氛，位置层次感较强，适用于文化背景较好、有宗教信仰、年龄结构偏大的家庭应用，如图 1-2-55、图 1-2-56 所示。

图 1-2-51 一字形布局客厅

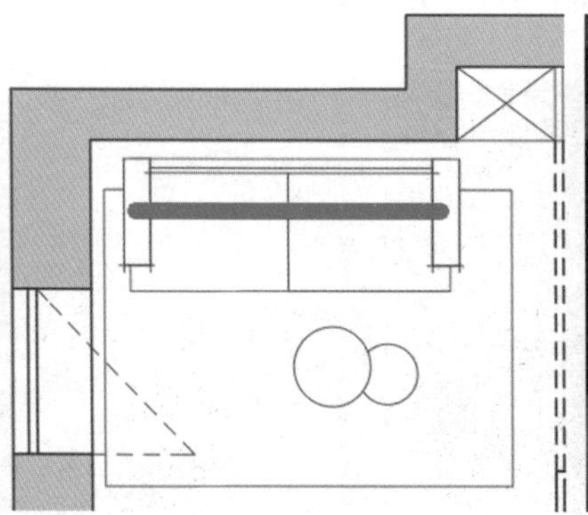

图 1-2-52 一字形布局平面图

图 1-2-53 分散式布局客厅

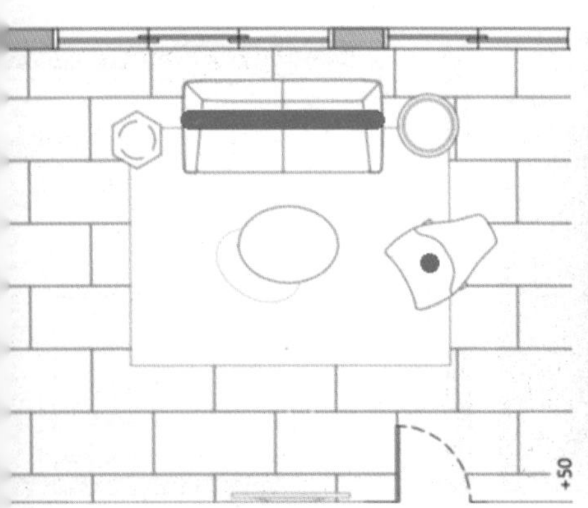

图 1-2-54 分散式布局平面图

图 1-2-55 对称式布局客厅（PPD 深点设计作品）

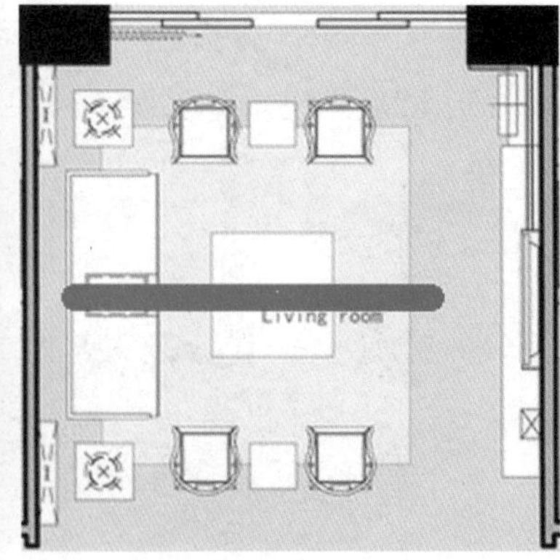

图 1-2-56 对称式布局平面图

课外延展

（1）设计误区与解决方法

客厅天花有横梁压顶，给人造成压抑感，如图 1-2-57 所示。

解决方法：如果横梁在角落，则不会影响客厅气流回转，只要注意不把沙发摆在那里即可。若天花比较高，宜将梁柱与吊顶相结合；若天花太低，可以用灯具进行装饰，如图 1-2-58 所示。

（2）营造技巧

a. 选择开放的布局，将客厅、厨房、餐厅放在一个大空间中；b. 墙面留白；c. 以浅色为主色、一两种亮色为点缀；d. 小空间适合直线造型；e. 天花应简约，不做复杂造型；f. 让门“隐身”，装饰成一堵连体墙；g. 巧用镜子，增加视觉进深；h. 家具宜简约。如图 1-2-59 所示。

图 1-2-57　横梁压顶

图 1-2-58　利用天花巧妙化解

图 1-2-59　客厅搭配与营造

3. 卧室

卧室是最具私密性的空间，通常地处居住空间的最里端，与公共活动区域要保持一定的距离，以避免相互干扰，确保卧室的安静性与私密性。卧室设计必须以私密、舒适、温馨为基础，睡眠和更衣是卧室的最基本功能，当然也可同时兼具读书、休闲、化妆、储物等多种功能。

（1）卧室的种类

卧室按家庭结构、居住人员身份不同，常分为主卧室、子女房、老人房等，设计表现应不同，设计处理上有相似也有不同之处。

①主卧室。主卧室是房主的私人生活空间，在功能上要满足睡眠、休闲、阅读、储物等要求，氛围营造要温馨，具有较高的舒适度。因此，除了床外，可根据功能需求设置电视、床头柜、衣柜、梳妆台、灯具、沙发等辅助性设施，如图 1-2-60、图 1-2-61 所示。

②子女房。子女房相对主卧室而言也可称为次卧室，是子女成长的私密空间，在设计上要充分考虑到子女的年龄、性别以及性格等特有的个性因素。孩子在成长的不同阶段，对卧室的使用需求是不同的。

a. 婴儿期。婴儿期是指 0~3 岁的年龄段，孩子的空间需求相对较低，功能需求也相对简单，可以在主卧室设置一张婴儿床，也可以设置单独的育婴室。如果是单独的房间，一定要与照看者房间相近，如图 1-2-62、图 1-2-63 所示。

图 1-2-60　满足睡眠功能的主卧室

图 1-2-61　兼具休闲功能的主卧室（壹度设计作品）

图 1-2-62　主卧室内设婴儿床

b. 幼儿期。幼儿期是指 3~6 岁的年龄段，孩子的行为能力逐渐增强，活动内容也开始丰富，需要一个独立的睡眠、娱乐、休闲空间，一切家具陈设都要符合孩子的身体尺寸，更要注重安全性。氛围要根据孩子的性别、性格、喜好而定，如图 1-2-64、图 1-2-65 所示。

c. 童年期。童年期是指 7~13 岁的年龄段，空间功能以休息、学习、娱乐和交际为主，所以要考虑到卧室的多功能性设计，同时也要更注重独立性，如图 1-2-66、图 1-2-67 所示。

d. 青少年期。青少年期是指 14~17 岁的年龄段，这个时期的孩子个性化、独立性更强，对空间的安排有主见，对空间的功能要求更加复杂，除了休息、学习之外，还要有待客空间，如图 1-2-68、图 1-2-69 所示。

③老人房。老人房是为父母准备的房间，如父母不常住就具有临时性，可以作为客卧使用，一般设计以实用为主。房间要最大限度地满足老人对睡眠和储物的需求，功能相对单一，如图 1-2-70、图 1-2-71 所示。

图 1-2-63　独立育婴室

图 1-2-64　幼儿卧室（一）

图 1-2-65　幼儿卧室（二）

图 1-2-66　多功能儿童房——单人

图 1-2-67　多功能儿童房——多人（ASEND 亚派设计作品）

图 1-2-68　宁静的蓝色调卧室（华成美域装饰设计作品）

图 1-2-69　温馨的暖色调卧室

图 1-2-70　简欧风格老人房（蓝森装饰设计作品）

图 1-2-71　中式风格老人房（付雨鑫设计作品）

（2）卧室的设计方法

①主卧室。主卧室的设计受到主人的年龄、职业、文化、心理需求等多方面因素的制约，卧室从具有单一的睡眠功能，开始形成了具有多功能性。例如，在卧室中摆放梳妆台，设置衣帽间、独立的洗漱区、阅读区等，这种功能分区多数并不是实体分隔，而是利用家具、陈设等进行虚拟划分。

主卧室天花造型宜简洁不宜繁杂，平顶或局部吊顶较为常见；墙面宜选择墙纸、涂料，也可以进行局部的背景墙设计，同时巧妙地将收纳空间融入设计，如错落地钉几块搁板，起到收纳和装饰的效果。地面则一般采用木地板，可以利用地毯作为局部装饰。

卧室的灯光要柔和，宜采用暖色光，能保证睡眠质量，要特别注意不要让光源直接射到脸上。可以安装一些能调节角度的射灯、有灯罩的吊灯，或在天花安装暗藏灯，满足功能性需求的同时也可营造浪漫、温馨的休息氛围，如图 1-2-72、图 1-2-73 所示。

数字资源 1-2-7
创·艺·家儿童空间
案例分析

②子女房。设计师需要进入孩子的世界，了解孩子的需求、喜好、个性等，才能设计出孩子喜欢的卧室空间。孩子处于不同阶段，对卧室的需求不同，设计也有着相应的要求。

婴幼儿期设计主要满足两大功能：舒适的睡眠和富有幻想性、创造性的游戏活动区域。房间的颜色可选择较为大胆的纯色，或强对比色，促进孩子的视觉发育，也可以充分地满足孩子的好奇心与激发孩子的想象力，如图 1-2-74、图 1-2-75 所示。

数字资源 1-2-8
创·艺·家卧室空间
案例分析

童年期学习开始变成一种有意行为，游戏和交往也成为生活中的重要部分。所以，在重视孩子睡眠的同时，也要考虑到孩子的学习、游戏与人际交往，设计要注重多功能性的延展。这一时期的孩子对色彩已经有了一定的敏感度和认知度，设计上应主要选择清新、淡雅的色彩，局部配以鲜艳的颜色，如图 1-2-76 所示。

青少年期的设计需要考虑到孩子的成长特性，身心发展迅速，但未真正成熟，纯真活泼，富有想象力，自己开始有主见。设计的重点仍然是体现多功能性。色彩的搭配应慎重，以稳重的色调为主，配以活泼的色彩为装饰，如图 1-2-77 所示。

图 1-2-72　多功能主卧室
（PDD 深点设计作品）

图 1-2-73　简洁的主卧室
（一米家居设计作品）

图 1-2-74　婴儿卧室

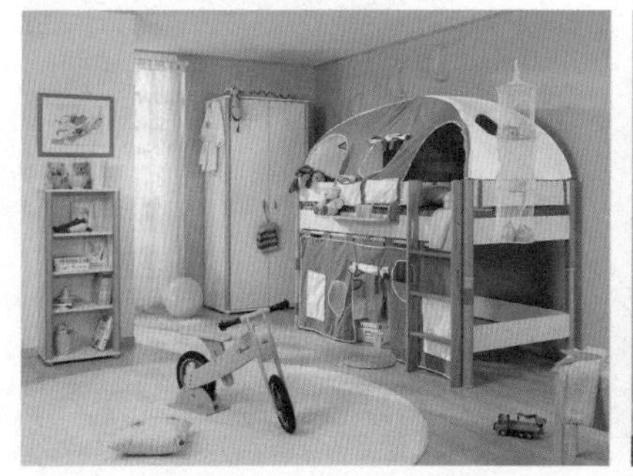

图 1-2-75　幼儿卧室

图 1-2-76　童年卧室

图 1-2-77　青少年卧室
（太合麦田设计作品）

天花造型设计形状可以丰富多样、富于变化，这样符合儿童好奇多动、喜欢探究的天性，有利于启发儿童的想象力和创造力。装饰材料要环保，电线要隐蔽，少用玻璃镜子。家具的选择上要避免有尖角的家具，要充分考虑采用组合式、可变化、易移动、多功能的家具，营造可变空间。

图 1-2-78 新中式风格老人房

③老人房。老年人卧室在设计上基本是以满足老年人的睡眠、视听、储物功能需求为主。老年人易醒，房间应设置在走动不频繁，临近厕所的位置。要特别注意灯光、隔声与通风的处理，以保障老年人的睡眠质量，如图 1-2-78、图 1-2-79 所示。设计时要特别注意以下四个方面。

a. 装修材料更注意环保性。

b. 家具摆放注重安全性。

c. 衣柜不宜太高，抽屉不宜太低，注意符合人体工程学。

d. 色彩要淡雅 。

e. 照明要明亮、柔和。

图 1-2-79 现代风格老人房（刘翰谦设计作品）

课外延展

（1）设计误区与解决方法

①床与厕所仅一墙之隔，冲厕洗浴等噪音影响睡眠，如图 1-2-80 所示。

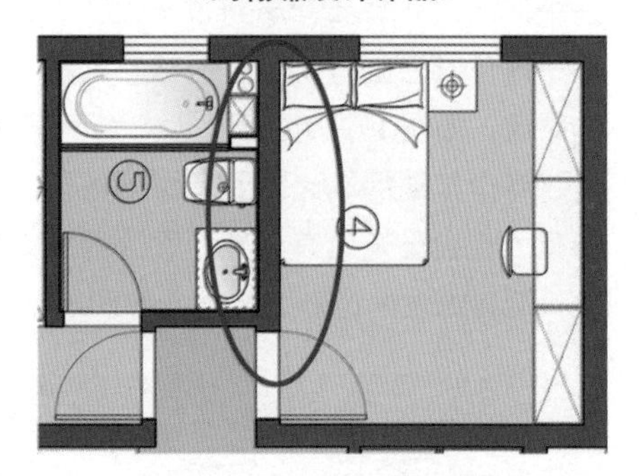

图 1-2-80 床与卫浴间相邻

解决方法：把床移到别的墙处，或者设置其他功能空间相隔，也可以安装隔间设备，如图 1-2-81 所示。

②镜子正对床，易使主人感到不安或者受到惊吓，不利于健康，如图 1-2-82 所示。

解决方法：镜子应避免正对床，床边可以放置特殊设计的衣柜或梳妆台，镜子隐藏其中，如图 1-2-83 所示。

图 1-2-81 床与卫浴间有功能空间相隔

（2）营造技巧

①组合式床位放置法。将床设置在收纳柜上面，通过提升床的高度来达到利用床底空间的目的。可根据窗台及飘窗的高度和收纳需求，把床抬高到 80 cm 左右。床下的柜子可以收纳大件物品，楼梯踏步可做成抽屉收纳一些杂物，放置一些书籍，如图 1-2-84 所示。

图 1-2-82 床正对镜子

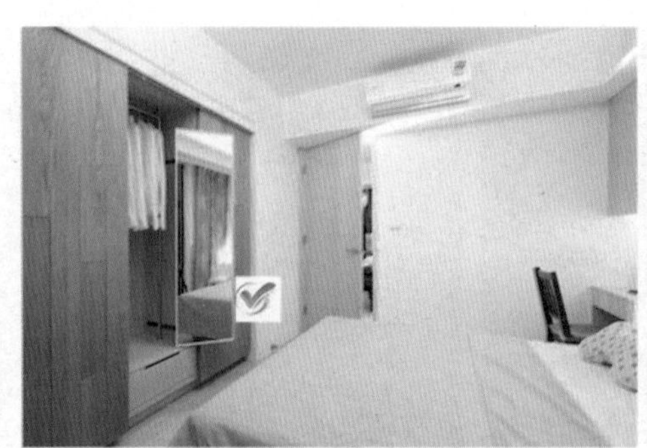
图 1-2-83 镜子隐藏于衣柜中

图 1-2-84 地台收纳式卧室营造

②墙面故事彩绘法。有故事的墙绘最适合儿童房，如图 1-2-85 所示。儿童时期是智力开发的重要阶段，一个有故事的墙绘比一个单纯的图案墙绘更能激发小朋友的兴趣，家长也可以对着墙壁和小朋友一起分享故事。墙绘的色调和图案一定要注意与房间的搭配和谐。可以用黑板漆给孩子营造一个可随意涂鸦的空间。

图 1-2-85　墙面故事彩绘

数字资源 1-2-9
创·艺·家书房空间案例分析

4. 书房

随着现代人对工作、阅读需求的不断提高，书房设计越发受到重视，在空间面积与布局允许的情况下，人们会专门设置书房空间用来阅读、工作、书写、上网、会谈、学习、思考，以提升自身修养。书房是为个人而设，具有较强的私密性，体现了个人职业、爱好、习惯、个性。根据不同业主的需求，书房的形式会有所不同：喜好阅读的会将书布满书柜；喜爱音乐的会陈设自己喜好的乐器；喜欢绘画的会设置画架和储物空间。

（1）书房的种类

书房根据空间条件不同，可分为开放式、封闭式或兼容式 3 种不同类型。

开放式书房有 1 或 2 个界面进行无围合设计处理，空间开敞明快，与周边环境融为一体，但私密性会受一定影响，如图 1-2-86 所示。

封闭式书房是通过围合而成的独立空间，实用性、私密性最强，如图 1-2-87 所示。

兼容式书房是在一种空间兼顾两种甚至更多的功能性，如图 1-2-88 所示。一般面积不充裕时会考虑这种格局。

图 1-2-86　开放式书房（珥本设计作品）

（2）书房的设计要点

①空间布局。一般而言，书房基本可分为工作区、藏书区、会谈区。

图 1-2-87　封闭式书房

图 1-2-88　兼容式书房——客厅与书房兼容（云上译舍设计作品）

工作区主要由书桌和椅子构成，摆放时应选择较好的朝向和自然采光充足的地方；藏书区一般与工作区相连；会谈区则可以置于一角，或在书桌对面进行布置，如图 1-2-89、图 1-2-90 所示。

②界面设计。书房的设计需要简洁的造型、淡雅的色彩，这样可以让人集中精神、平心静气地去工作、阅读，提高工作效率。在材料的使用上，以地毯、墙布等隔声效果较好的材料为主，以营造安静的工作、学习环境。在照明上，自然采光与人工照明要兼顾，如图 1-2-91 所示。

图 1-2-89 工作区、藏书区、会谈区布局

图 1-2-90 工作区、藏书区、休闲区布局（寓子设计作品）

图 1-2-91 书房界面设计（蓝森装饰设计作品）

课外延展

（1）设计误区与解决方法

书桌正对阳光。书房确实要阳光充足，但不是阳光越充足越好，否则直射进来的阳光不但刺眼，也不宜使人集中精神，如图 1-2-92 所示。所以，书桌不应放在正对阳光的位置。

解决方法：书桌、椅子不宜放在门边，易受到干扰；也不易太靠近窗边，虽然可以保证自然采光，但强烈的阳光照射会影响人的工作学习。将书桌、椅子后移或侧放，这样既避免了外界干扰，也满足了采光需求，又不至于刺伤眼睛，如图 1-2-93 所示。书柜（书架）宜放在背阴处，避免阳光直射，这样有利于书籍保存；书柜（书架）深度以 30 cm 为佳。如果无法放置书柜，采用隔板式书架也是不错的选择，这样既可以节省空间，又可以满足需求。

（2）营造技巧

利用窗台也可以打造出一个小型书房。一侧墙面做书柜，窗台下面做成抽屉或者是掀盖的收纳柜，铺一个软垫，再放几个柔软的抱枕，一个舒适惬意的小书房也就形成了，如图 1-2-94 所示。

图 1-2-92 书桌向阳放置

图 1-2-93 书桌侧放

图 1-2-94 飘窗书房

5. 餐厅

餐厅是家居空间设计中的重要组成部分，功能相对单一，主要用于家人日常用餐和宴请亲友聚餐。舒适的就餐环境不仅可以让人增进食欲，更可以让人放松心情。

（1）餐厅的形式

①独立式。独立式餐厅空间相对封闭，流线方式清晰、简单，餐桌一般位于中心位置，餐柜依

墙而立。但与其他空间的融通性较差，可以利用镜面、玻璃等设计元素来增强给人的空间感，如图1-2-95、图1-2-96所示。

②开放式。开放式餐厅空间限定较少，可以与周边环境形成统一整体，空间流动性较强，一般与客厅相连，私密性较差，如图1-2-97所示。

③半开放式。半开放式空间一般为"餐厅+厨房"结合方式，利用中岛、吧台等进行连接，空间视野开阔，如图1-2-98所示。

（2）餐厅的设计要点

①界面设计。餐厅设计重点在于如何营造一个温馨、舒适的就餐环境。不同类型的餐厅受空间特质不同的限制，在界面设计上也有所不同。独立餐厅由于四周封闭，在界面上可以采用反光材料或透明材料来增加空间的通透性。开放式餐厅与半开放式餐厅利用家具进行划分，空间归属感较弱，界面设计中常利用局部吊顶、地面材质进行隐性分隔或利用墙面造型设计、不同的色彩来营造一个相对独立的空间，如图1-2-99所示。

色彩宜采用纯度不高的暖色系。轻松明朗的色调、温馨的色彩，可以很好地提高就餐者的兴致，增进人们的食欲，如图1-2-100所示。

材料选择要具有一定的防水和防油污性，如地砖、大理石、地板等宜清洁材料，不宜选用织物材料，如图1-2-101所示。

在照明的处理上一般采用桌上餐灯形式，构成餐厅的视觉中心。为了增加人们的食欲，一般选用高显色的人工照明，如图1-2-102所示。

②家具选择与摆放。餐厅的家具以餐桌和餐椅为主，选择何种形式的餐桌餐椅，要依据餐厅空间面积、设计风格而定，例如，折叠型餐桌，可以同时满足家庭娱乐与聚餐的需求；卡座则比餐椅更节省空间，又可以形成储物空间，靠背还能作为隔断，起到分隔空间的作用，一举多得。

另外，可充分利用墙面，增加收纳空间。嵌入墙体餐边柜不仅有强大的收纳功能，也更容易成为整个空间设计的亮点，与整个设计融为一体。餐厅的装饰品不宜过于繁杂，挂画、陈设等都要以简洁、优雅为主，如图1-2-103至图1-2-105所示。

图1-2-95　现代风格独立式餐厅（一米家居设计作品）

图1-2-96　新中式风格独立式餐厅

图1-2-97　开放式餐厅（达誉设计作品）

图1-2-98　连通式餐厅（孔杰与夏萃设计作品）

数字资源1-2-10
创·艺·家餐厅空间案例分析

图1-2-99　餐厅界面设计（怀生国际设计作品）

图1-2-100　餐厅色彩搭配（云上译舍设计作品）

图1-2-101　餐厅材料应用（松艺设计事务所设计作品）

图 1-2-102 餐厅照明环境

图 1-2-103 卡座式餐椅（奇拓设计作品）

图 1-2-104 墙面餐架（逸谷设计作品）

图 1-2-105 墙面整体餐柜

课外延展

（1）设计误区与解决方法

①餐厅运用大量射灯作为主光源，给人炫目之感，不利于进食，如图 1-2-106 所示。

解决方法：照明应主要集中在餐桌上，且光线要柔和，色调要温暖。温暖的照明效果，能增加食物的色泽，使人食欲大增，如图 1-2-107 所示。

②铺设地毯，掉落食物会滋生细菌，不易清洁，如图 1-2-108 所示。

解决方法：换为易清洁又不容易打滑的地面材料，如果想有地毯的效果，可以利用拼花地砖，如图 1-2-109 所示。

（2）营造技巧

利用灯光营造气氛，如图 1-2-110 所示。营造时注意：

①灯具风格最好与客厅灯具风格一致，或与客厅灯具样式相似。

②长形餐桌既可以搭配一盏长形的吊灯，取和谐之意，也可以用相同的几盏吊灯一字排开，组合运用。

③餐厅灯与客厅主灯要协调，不能喧宾夺主。

④灯光宜柔和、温馨。

图 1-2-106 餐厅射灯过多

图 1-2-107 主光源集中

图 1-2-108 铺设地毯

图 1-2-109　拼花地砖

图 1-2-110　餐厅灯光营造

6. 厨房

“民以食为天”，厨房是家居中使用最频繁、家务活动最集中的地方，需要满足洗涤、配餐、烹饪、储藏、烧烤和备餐等多种功能。

（1）厨房的布局与分类

①一字形。一字形厨房是指将储存、备餐、洗涤、烹饪台等厨房设备排成一字形，多用于空间狭长的厨房。其特点是最大限度地节省了空间使用面积，缺点在于行动路线重复且流线交叉太多，如图 1-2-111、图 1-2-112 所示。

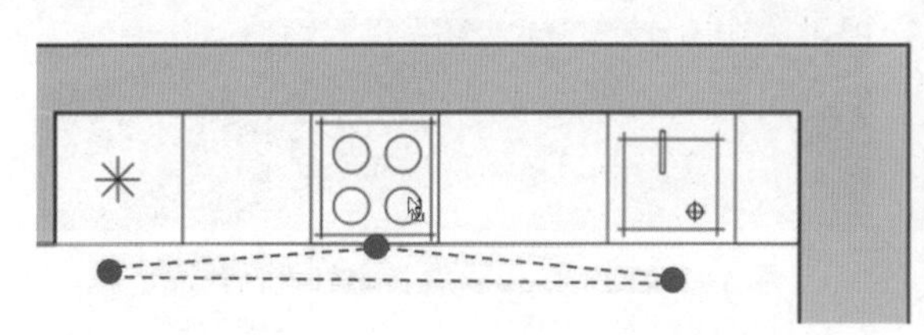

图 1-2-111　一字形厨房平面布局

图 1-2-112　一字形厨房

②走廊形。厨房设备沿两侧墙布置，实用性强，烹饪操作在两条直线间进行，行动方便。走廊形厨房能容纳较多的厨房设备，空间面积不限，布置形式较为灵活，如图 1-2-113、图 1-2-114 所示。

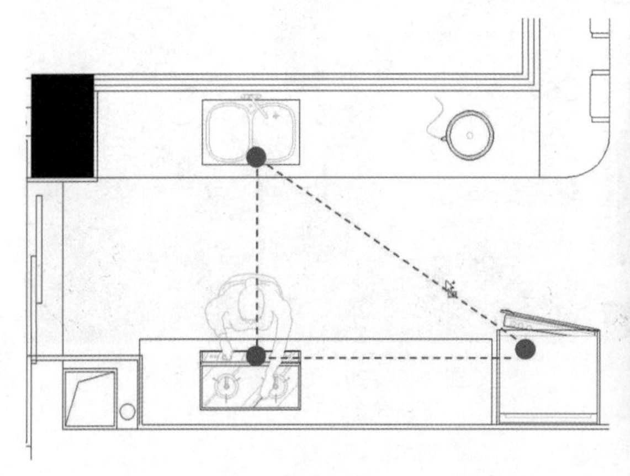

图 1-2-113　走廊形厨房平面布局

图 1-2-114　走廊形厨房

③L 形。L 形厨房又称三角形厨房，是最节省空间的一种厨房类型，流线最为清晰，如图 1-2-115、图 1-2-116 所示。

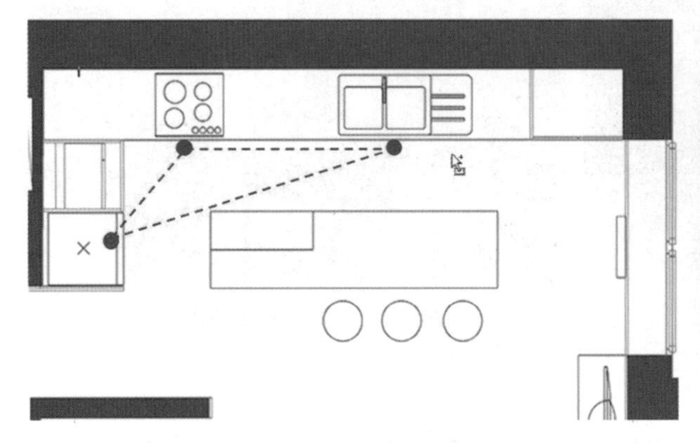

图 1-2-115 L 形厨房平面布局

图 1-2-116 L 形厨房

④U 形。U 形厨房的设备由三面围合而成，最好将水槽置于 U 形的底部，将配餐区和烹饪区分设在两侧，形成正三角形，这样工作线与其他交通线分隔而不受干扰，适合面积较大的厨房空间，如图 1-2-117、图 1-2-118 所示。

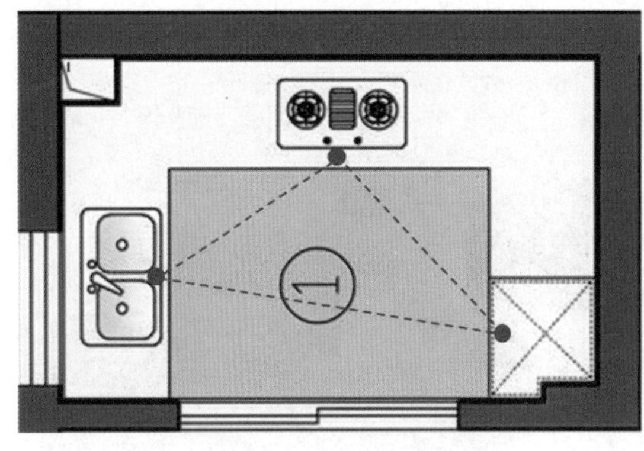

图 1-2-117 U 形厨房平面布局

图 1-2-118 U 形厨房（一野设计作品）

⑤岛形。岛形厨房设计适合在现代及后现代风格中应用，多适用于开放式厨房和餐厅，即在厨房中设置一个独立的料理台或工作台，作为餐厅与厨房的分隔，适合面积在 15 m^2 以上的厨房，如图 1-2-119、图 1-2-120 所示。

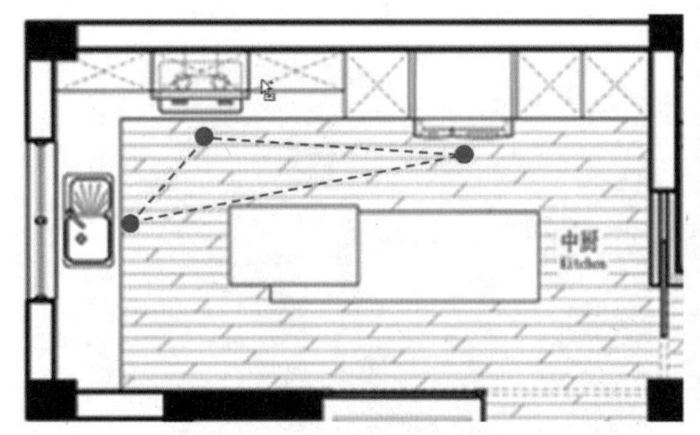

图 1-2-119 岛形厨房平面布局

图 1-2-120 岛形厨房（松艺设计事务所设计作品）

（2）厨房的设计要点

①空间布局。厨房一般与餐厅相邻，最常见的形式有封闭式和开放式两种，采用何种形式取决

于空间布局。封闭式厨房的围合性较强，对噪声和油烟都有较强的隔离作用，如图 1-2-121 所示。而开放式厨房因空间围合性较弱，兼具多功能性，所以灵活性、流动性较强，但对油烟和噪声的隔离性较弱，在做家务时会对其他功能空间产生一定的影响，如图 1-2-122 所示。

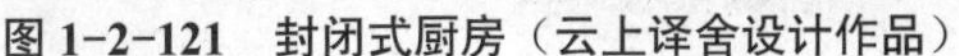

图 1-2-121　封闭式厨房（云上译舍设计作品）

图 1-2-122　开放式厨房（美述空间设计陈刚设计作品）

另外，储藏、调配、清洗、烹饪是厨房中最重要的工作流程，因此厨房的空间布局常以这三者为中心形成一个连续的工作三角。由于该三角形的边长之和越小，人在厨房中所占用的时间就越少，劳动强度也就越低，因此三角形边长之和应尽可能降低。但三边的距离必须间隔 600~900 mm 或 1 200 mm 左右，其边长之和多控制在 3~6 m 之间。而厨房的最佳尺寸为：净宽≥ 1.7 m，面积≥ 5 m^2（其中带餐厅的面积≥ 8 m^2），操作台面长度≥ 2.4 m。

②界面设计。厨房的界面设计相对简单，一般会结合橱柜进行设计，将功能性与审美性相结合，利用材质的变化和对比、造型变化、丰富的色彩搭配等手段打造丰富多彩的厨房空间。例如，以直线条为主的橱柜设计，可使厨房条理分明，让烹饪者运用自如；简约的色调搭配可避免增加厨房的杂乱感；具有亲和力的浅色调能营造温馨的厨房环境，如图 1-2-123 所示。

厨房吊顶可选用塑料扣板、铝扣板或集成吊顶，自重较轻、耐腐又易清洁；墙面可贴釉面瓷砖，既易清洁又防火、防潮；地面材料可选用地砖、瓷砖等防水、防滑、易清洁的；柜面材料可选择烤漆、防火板、三聚氰胺饰面板、吸塑板、镜面树脂等，色彩多样可以迎合多种风格。

色彩的选择上不要过于温暖的色调，以免让人产生闷热的感觉和杂乱感，要以简洁明快、淡雅清爽的色彩为主。最好选择白色、乳白色等浅色作为主色调，如图 1-2-124、图 1-2-125 所示。

图 1-2-123　厨房界面设计

图 1-2-124　暖色系厨房色彩搭配

图 1-2-125　白色系厨房色彩搭配

③家具选择与摆放。厨房的家具功能以收纳为主尺寸。应符合人体工程学要求。橱柜是厨房的最主要家具，橱柜的样式多变，可以根据使用的家电进行定制。例如，高柜是真正的储物高手，由于体积大，可以将烤箱、微波炉等电器都收纳其中。不常用的物品都可以收纳进高柜，既节省了空间，又使厨房显得整齐。但要注意高柜对安装位置的要求，U 形厨房可以在最窄的墙面设计高柜；一字形厨房墙面长度较长的可以在边侧设计高柜，如图 1-2-126、图 1-2-127 所示。不适合设计高柜的厨房则可以利用搁架增加收纳空间，改变空间的利用率，如图 1-2-128 所示。厨房台面高度一般在 850 mm 左右，吊柜的位置根据实际情况确定。

图 1-2-126 U 形厨房高柜设计

图 1-2-127 一字形厨房高柜设计

图 1-2-128 厨房搁架设计

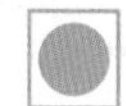

课外延展

（1）设计误区与解决方法

为了油烟能尽快散去，将灶台设置在窗户下，这样火很容易被风吹灭，同样也很危险，如图 1-2-129 所示。

解决方法：灶台的位置靠近外墙，这样便于安装排油烟机。窗前的位置最好留给料理台，因为这部分工作花费的时间最多，操作者抬头看着窗外的美景，吹吹和煦的暖风，可以保持一份好心情，如图 1-2-30 所示。

（2）营造技巧

可通过摆放一些植物装点厨房环境，既可净化厨房空气，又可增加生气和活力，如图 1-2-131 所示。厨房植物摆放有讲究：

①位于东方或东南方最佳，光线充足，温度适宜。

②位于南方，光照时间长，适合观叶植物。

③位于北方，偏阴凉，适合红色、橙色等暖色调花卉。

图 1-2-129 灶台在窗下

图 1-2-130 灶台靠近外墙但不在窗下

图 1-2-131 阳台植物摆放

7. 卫浴间

卫浴间是人们日常生活中必须具备的功能空间。它不仅是家庭成员如厕、沐浴、洗漱、更衣等活动的场所，还要兼顾洗涤等家务活动使用。

（1）卫浴间的基本尺寸

①洗漱空间。卫浴间内必须考虑预留洗漱用的活动空间，站立时取用面盆的高度为810~910 mm，面盆宽度为480~610 mm，预留出人的活动空间为550~600 mm，如图1-2-132所示。

②洗浴空间。洗浴间的净空间最理想的是1 000 mm×1 000 mm，最小不能小于800 mm×800 mm，淋浴喷头的高度为1 750 mm~1 950 mm，否则会缺少活动空间，如图1-2-133、图1-2-134所示。

浴缸的长度基本有这几种：1.5 m、1.6 m、1.7 m、1.8 m、1.9 m。多数中国人采用的是1.7~1.8 m的浴缸。另外，在空间布局上还要考虑到人的活动空间，如图1-2-135所示。

③如厕空间。如厕空间的最小尺寸是由坐便器的尺寸加上人体活动必要尺寸来决定的，长度在745~800 mm，若水箱布置在角部，尺寸可缩小到710 mm。坐便器的前端到前方门或墙的距离，要保证在500~600 mm以方便人体活动，人左右两肘撑开的宽度为760 mm，因此坐便器厕所的最小净面积尺寸应保证大于或等于800 mm×1 200 mm，如图1-2-136、图1-2-137所示。

（2）卫浴间的设计要点

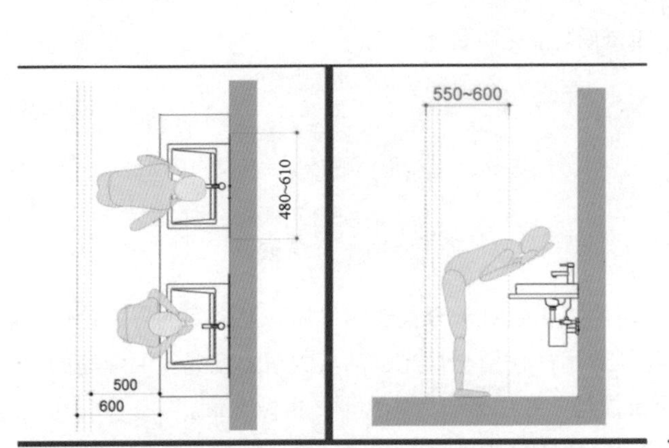

图1-2-132　洗漱空间平面尺寸图（一）

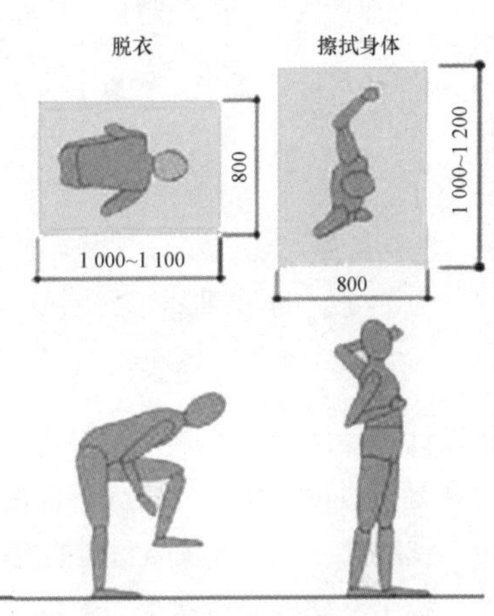

图1-2-133　洗浴空间平面尺寸图（二）

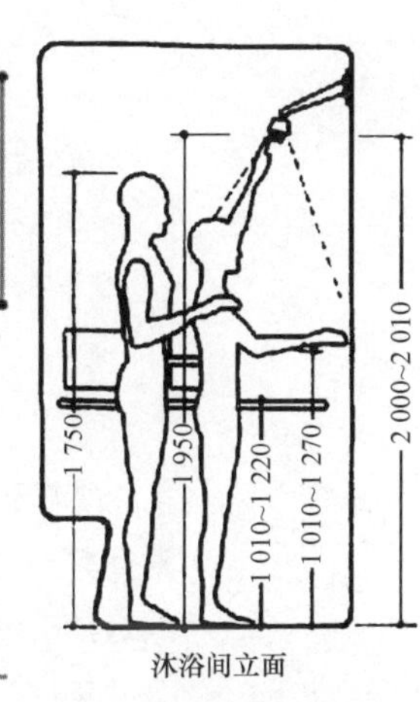

图1-2-134　洗浴空间立面尺寸图

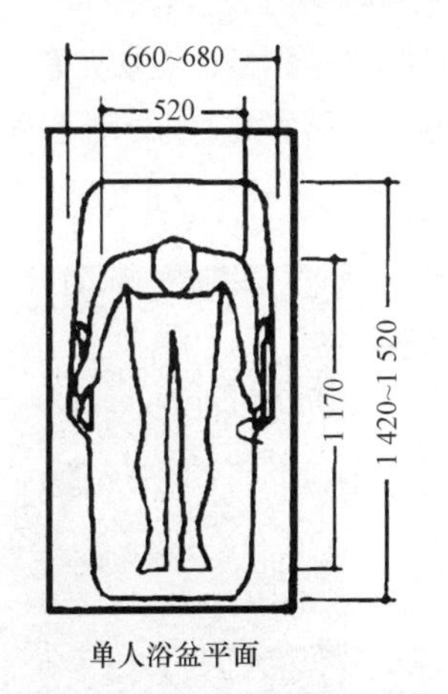

图1-2-135　浴盆平面尺寸图

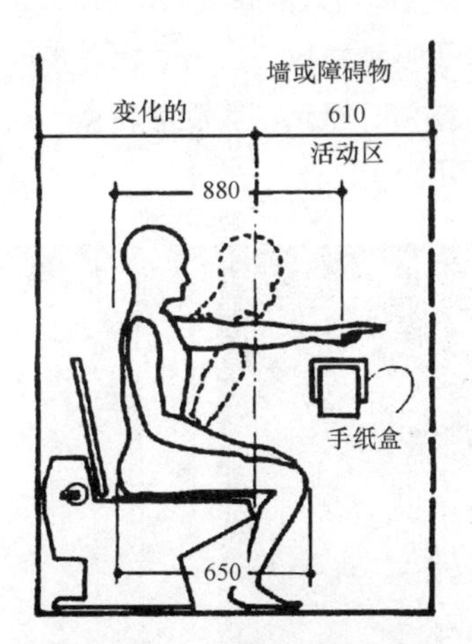

图1-2-136　如厕立面尺寸图

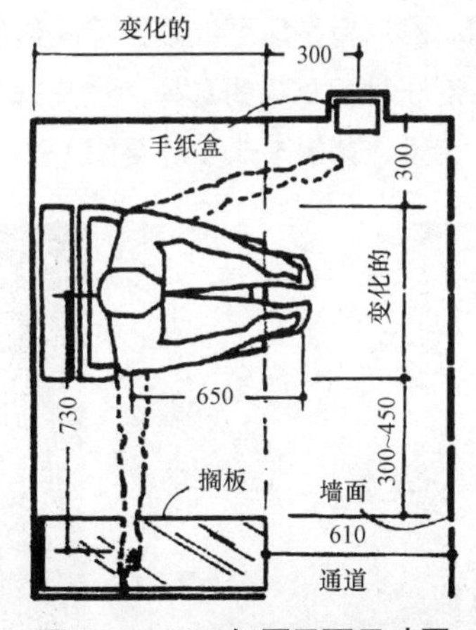

图1-2-137　如厕平面尺寸图

①空间与功能布局。卫浴间不再是单纯的具有如厕功能的空间，而是集洗浴、如厕、洗漱、洗衣等多功能于一体的功能性空间（见表1-2-1）。卫浴间的面积如果够大，最好把干湿区分开，湿区可安装淋浴房。淋浴房一般设置在卫生间靠里的角落，而1/4圆弧形淋浴房适合装在有转角区或正方形的卫浴间，在节省空间的同时，又很好地利用了不太好处理的转角区，如图1-2-138、图1-2-139所示。

数字资源 1-2-12
“卫生间”合理布局

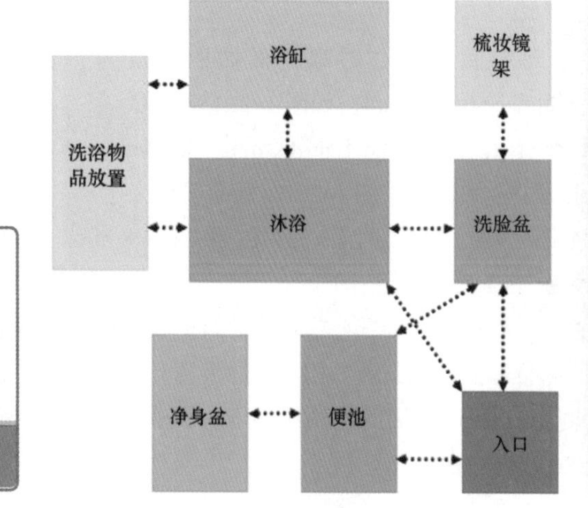

图 1-2-138 卫浴间空间布局原则

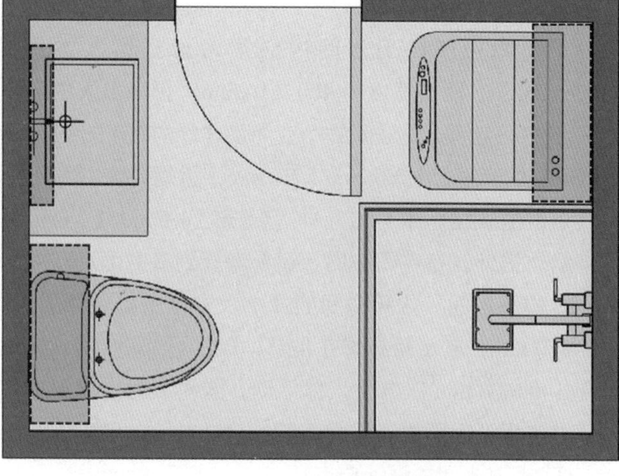

图 1-2-139 卫浴间干湿区分离平面布局

表 1-2-1 卫浴间功能区域划分

功能区域	行为活动	相应洁具
如厕区	如厕、清洁等	坐便器
洗漱区	洗脸、洗手、化妆等	洗脸池、化妆镜、放置架、毛巾及浴巾的挂杆等
洗衣区	洗涤、晾晒、整烫衣物等	洗衣机等
洗浴区	淋浴	浴盆、淋浴设备等

②界面设计。墙面的装饰效果对卫浴间环境的美化起着十分重要的作用。卫浴间的界面设计相对简单，主要是通过顶、地、墙三大界面的材料选用，包括与灯光、洁具的搭配完成。卫浴间的材料选择一般不宜超过三种，可按照材料的特征及纹理，在质感、色彩和形式上做文章。

材料的选择上，防水防滑是最重要的，可以选用防滑釉面砖、防滑玻璃砖、陶瓷地砖、防水壁纸、防水涂料、马赛克、大理石等。同一空间中，材料拼接可以采用横向方式，使空间给人的宽度感增加，也可以采用竖向拼接方式，使空间给人的高度感增加，如图 1-2-140 至图 1-2-144 所示。

浴室吊顶可以根据不同造型，选用多种材料，如石膏板、集成吊顶、PVC 铝扣板、桑拿板等。对于地面材料的选择，应具备耐脏、防滑、整洁、美观等特点，还要有较好的防水性、排水性和安全性，如图 1-2-145 至图 1-2-147 所示。

图 1-2-140 防水壁纸

图 1-2-141 防水涂料墙

图 1-2-142 马赛克墙面

图 1-2-143 大理石墙面

图 1-2-144 瓷砖墙面

图 1-2-145　桑拿板天花、防滑地砖地面（铭筑舍计设计作品）

图 1-2-146　集成吊顶、仿理石地砖地面

图 1-2-147　PVC 铝扣板吊顶、复合地板地面

地面处理时要在表层下面做防水层，涂防水涂料要做防水处理，卫浴间的地面要低于客厅，这样有利于突发情况下的顺利排水。

③收纳设置。

a. 收纳位置布局原则。收纳位置要在使用位置的旁边；使用的频率和重量决定收纳位置；使用人群决定了用什么样的物品。例如，洗澡时要考虑在什么地方脱衣服，要洗的和要穿的衣服分别放在哪里；洗浴用品既要放置在随手能取的地方，又要放置在喷头洒水不会波及的范围，如图 1-2-148、图 1-2-149 所示。

b. 收纳方式。可将物品收纳进洗手池台面空间、洗手池上方空间、洗手池下方空间、坐便器水箱上方空间、门后空间等区域。其他细碎边角（管井夹缝位置、浴室柜与地面空隙位置、墙角角篮等），如图 1-2-150、图 1-2-151 所示。

c. 收纳区域划分原则及尺寸。根据收纳方式来确定收纳区域的划分，并以此来确定收纳空间的尺寸，如图 1-2-152 所示。

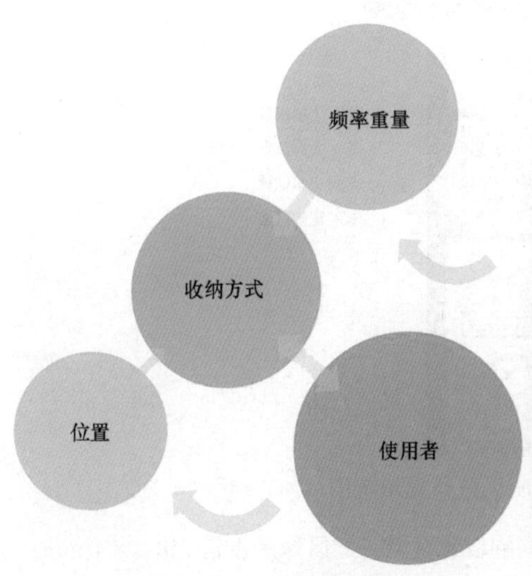

图 1-2-148　收纳位置示意图

图 1-2-149　抽屉式收纳

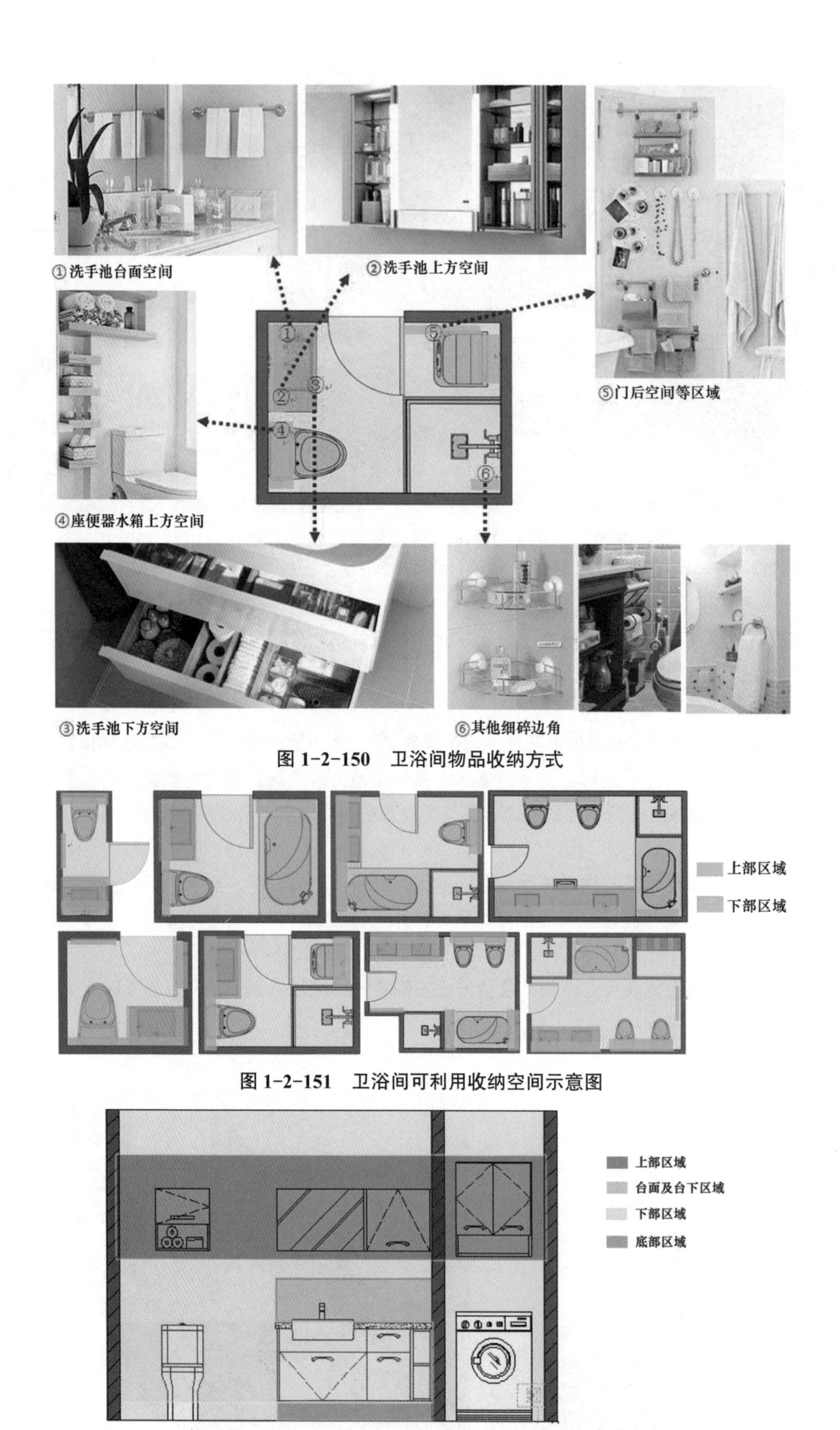

图 1-2-150 卫浴间物品收纳方式

图 1-2-151 卫浴间可利用收纳空间示意图

图 1-2-152 卫浴间物品收纳区域划分原则示意图

上部区域：上部区域是指洗手池台面以上至顶部柜中间的位置区域。此区域高度是 750~1 850 mm，拿取物品较方便，使用频率较高，可以设置为镜箱和抽屉等储物柜形式，来存放盥洗用品等常用物品。

台面及台下区域：台面及台下区域是指包括台面以及台面以下 200 mm 左右的位置区域。此区域的高度适宜，拿取物品不必抬手和下蹲。

下部区域：下部区域是指台面以下至踢脚线之间的位置区域，高度范围是 200~600 mm，需要通过弯腰和下蹲等动作来拿取物品，取物舒适度不高。

底部区域：底部区域是指踢脚线处位置，高度范围是距地面以上 0~200 mm 的位置区域。由于取物不方便、易潮湿等缺点，人们常忽视对此处的储藏布置。

数字资源 1-2-13
卫生间“收纳”难题妙解

数字资源 1-2-14
创·艺·家卫浴空间案例分析

课外延展

（1）设计误区与解决方法

家居入户大门对着卫生间是非常不合理的布局形式，开门见厕，会瞬间影响人的心情，也会让整个设计的私密性打折，如图 1-2-153 所示。

解决方法：

①厕所墙一般为非承重墙，可以利用后期的设计进行二次改造，将厕所门进行位置变动，如图 1-2-154 所示。

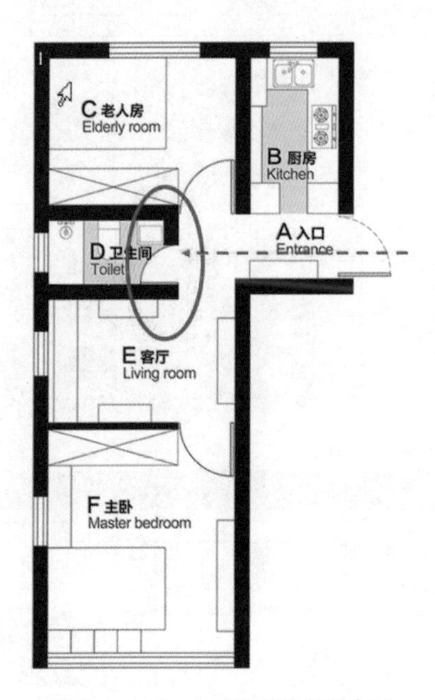

图 1-2-153　开门见厕平面布局

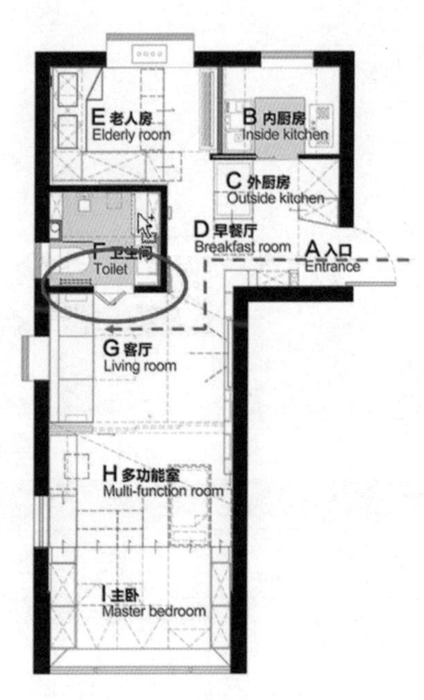

图 1-2-154　改造后平面布局

②做隔断或屏风，对视线进行一定的遮挡，让气体回旋。

③在两门之间放置一些大叶子的植物，不仅可以遮挡视线，还可以清新空气。

（2）营造技巧

①墙面排砖样式。墙面排砖样式可参考表 1-2-2、表 1-2-3。

表 1-2-2　现代逻辑排砖样式

形式	图例
瓷砖正拼（分色与花片）	

续表

形式	图例
瓷砖斜拼（分色&花片）	
瓷砖中间正拼两边正拼	
瓷砖中间正拼两边斜拼	
瓷砖中间斜拼两边斜拼	
瓷砖中间斜拼两边正拼	

表 1-2-3 古典逻辑排砖样式

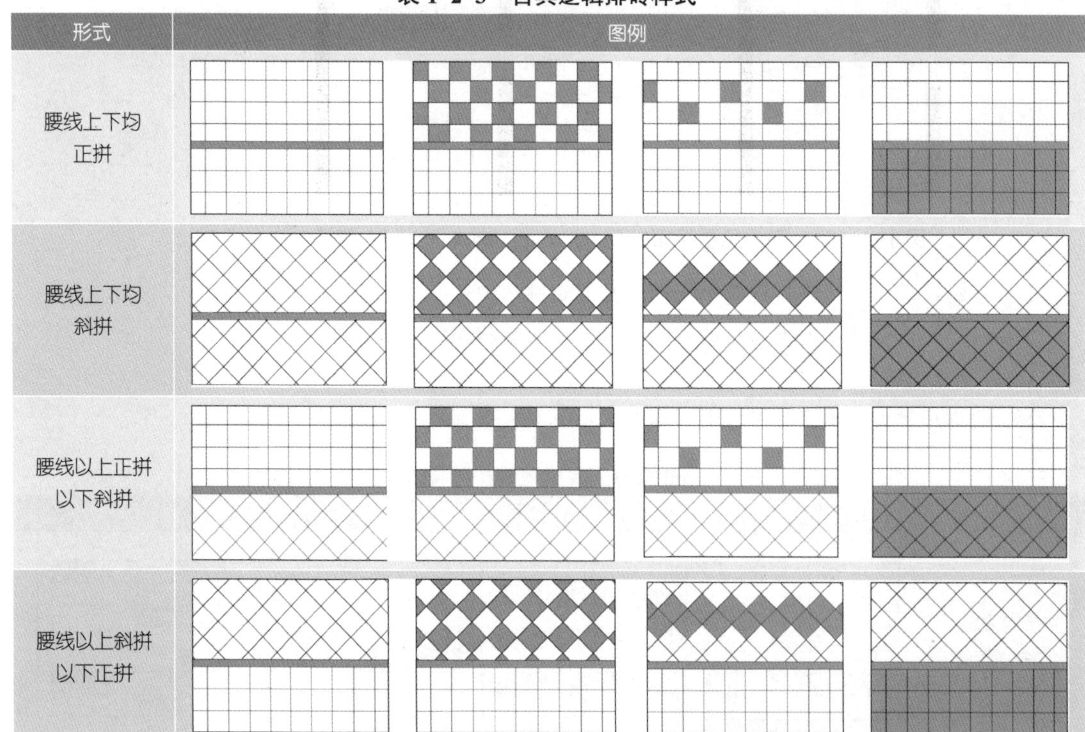

形式	图例
腰线上下均正拼	
腰线上下均斜拼	
腰线以上正拼以下斜拼	
腰线以上斜拼以下正拼	

②地面排砖样式。地面排砖样式可参考表 1-2-4、表 1-2-5。

表 1-2-4　现代逻辑排砖样式

形式	图例
地砖正拼（分色与花片）	
地砖斜拼（分色与花片）	

表 1-2-5　古典逻辑排砖样式

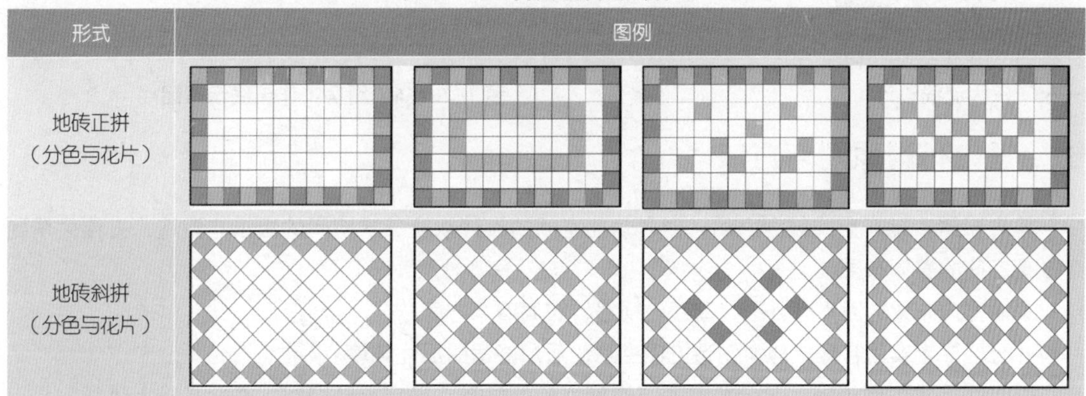

形式	图例
地砖正拼（分色与花片）	
地砖斜拼（分色与花片）	

四、交通流线设计原则

流线又称为动线，简单讲就是连接各个空间的活动路线。它根据人的不同行为方式进行分类组合，把空间有序地组织起来。通过流线可进行不同功能空间的划分。

居住空间中的流线可以划分为三条：家务流线、家人流线和访客流线。这三条流线各自有着不同的固有特性，不能交叉，这是流线设计的基本原则，如表 1-2-6 所示。

表 1-2-6　三大流线设计

三大流线	涉及空间	设计要点
家务流线	厨房	1. 对储存、清洗、料理等功能区域进行规划 2. L 形流线安排厨房用品摆设 3. 一字形要以冰箱、水槽、炉具顺序安排
家人流线	卧室、卫浴间、书房等私密性较强的空间	1. 尊重生活格调，满足生活习惯 2. 互不干扰，绝对私密
访客流线	玄关、客厅、餐厅等公共空间	1. 互不干扰，避免打扰 2. 客厅门是保证流线合理的关键，客厅只有两扇门

设计者通过流线设计可以有意识地对人们的行为方式进行组织和引导，从而形成主观上的动静分区，真正做到“以人为本”的设计，如图 1-2-155 所示。例如，厨房的流线可以按照工作流程进行设计，从而方便人们的工作，缩短人们的工作路线，如图 1-2-156 所示。

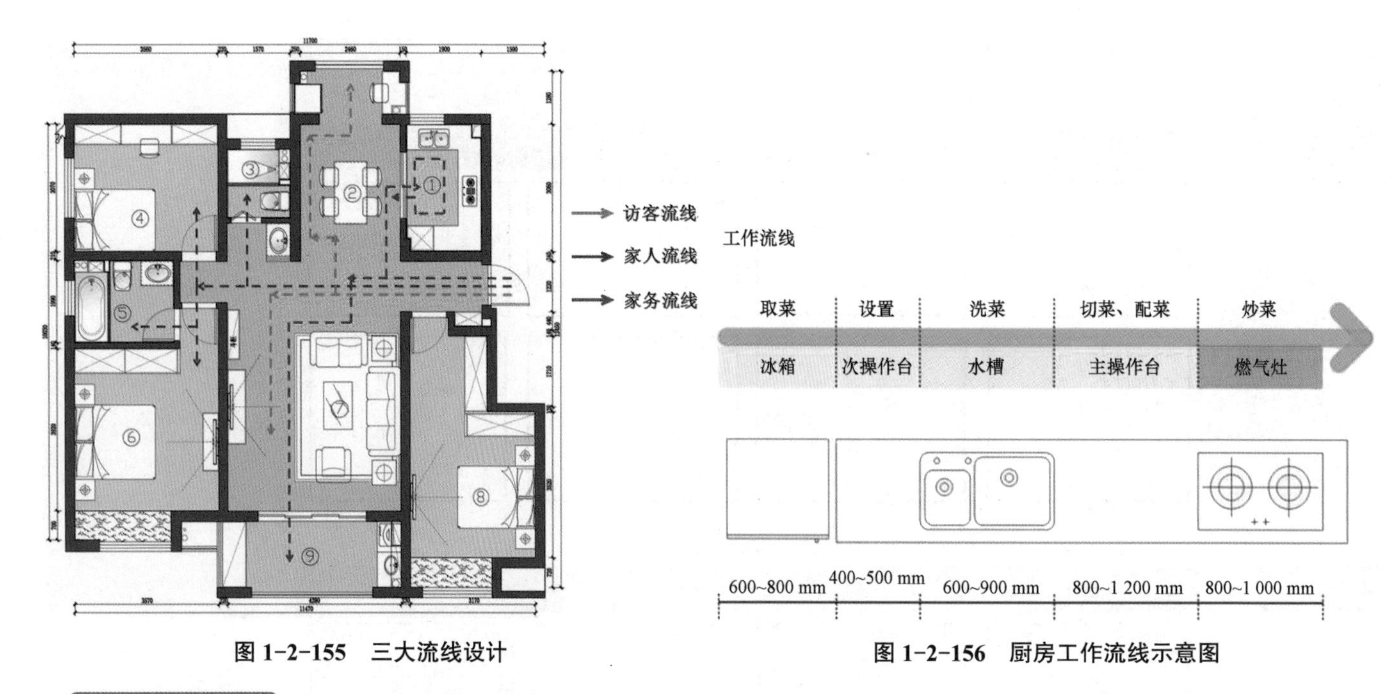

图 1-2-155 三大流线设计

图 1-2-156 厨房工作流线示意图

数字资源 1-2-15
设计师小讲堂——空间动线设计技巧（大苗）

五、室内布置原则与方法

室内布置，是在空间规划之后，对各功能空间的设计以及二次空间的组织与塑造，直接关系到各功能空间的整体布局。

影响室内布置的因素有分区、动线、视线、布局四个方面。

①分区要求实用合理，努力创造方便生活、适用舒适的居住环境。

②动线要求方便流畅。要分析空间与空间之间的关系，确定行动路线，在此基础上进行家具、陈设的摆放，在摆放家具时要注意。避开动线，如图 1-2-157 所示。家具的摆放应遵循以下原则：

a. 保证动线畅通（方便交通）；b. 贴边（利用墙角、墙面）。

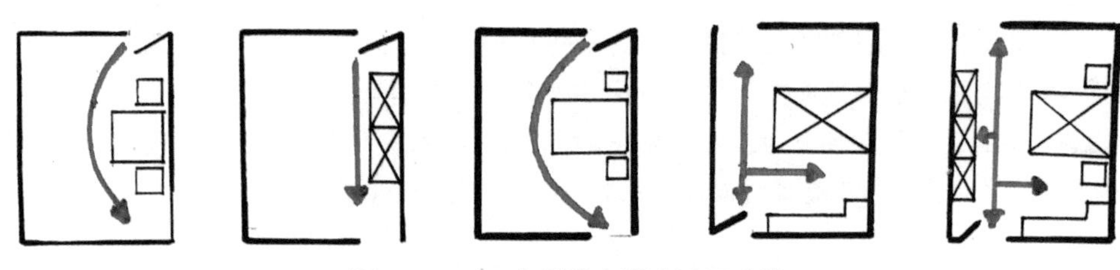

图 1-2-157 家具的布置应避开动线

③视线要求开阔有序，如图 1-2-158 所示。应避免以下两种情况：

a. 一览无余；b. 空无一物。

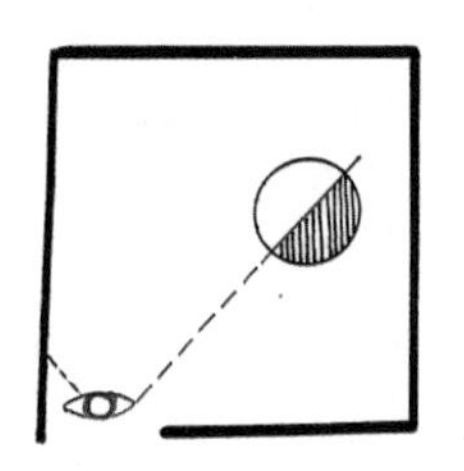

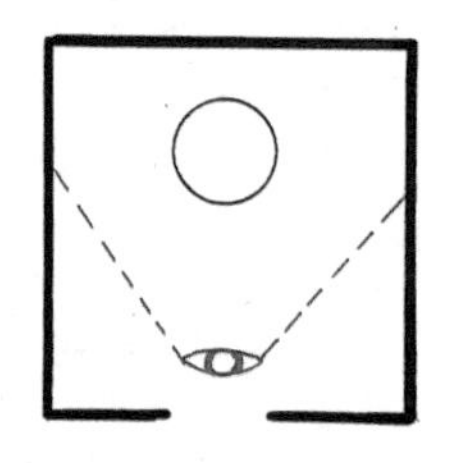

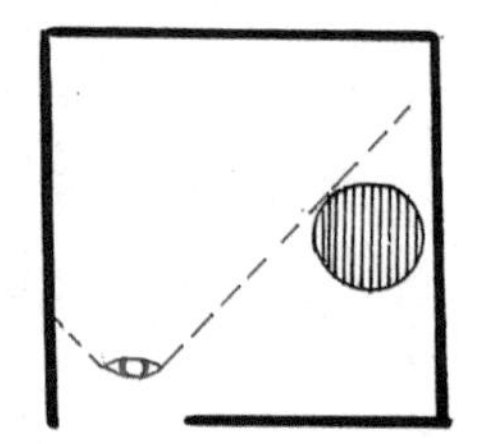

图 1-2-158 视线设计示意图

④布局要求虚实恰当，忌分布均匀（缺乏节奏）。

任务三 创意概念设计

创意设计就是运用创造性思维进行整体方案设计，从大处着手，由总及细，深入推敲，从里到外、从外到里，从局部到整体、从整体到局部，逐步展开，寻找设计突破口的过程。在创意设计过程中强调意在笔先，以新视角、新思维、新功能、新材料、新元素等作为切入点，寻找好的设计概念，展现与众不同的设计创意与设计效果。

在与业主深入沟通和现场勘察测量的基础上，归纳整理出业主的具体需求，并以此为设计方向、出发点，从而对设计构思进行深入探究，形成设计的创新思维。

一、需求分析

不同的人由于其性格、年龄、职业等方面的不同对设计创意也有着不同的需求和不同的期望，包括必须达到的需求、希望达到的需求、超出预期的需求。根据不同的设计理念可以营造出完全不同的设计效果，在正式进入设计之前，一定要明确设计的方向（表 1-3-1）。

表 1-3-1 需求分析表

需求内容	达到需求的必要条件	实现方式	需求程度
聚会洽谈	多个座位、放置水果或茶点	组合沙发、茶几	必须达到
临时休息	躺卧的家具	贵妃椅或连位沙发	必须达到
看书学习	放书的地方、读书的地方、灯光	书架、书桌、椅子、灯	必须达到
休闲	可供发呆	摇椅、吊椅或躺椅	希望达到
娱乐	有电视机位置	电视墙	必须达到
儿童玩乐	有一定场地可供玩耍、读书、学习	儿童书桌、椅子、自由活动场地	超出预期
储物	有储物的柜子	榻榻米、衣柜、储物柜	必须达到
个性需要	风格独特、体现个性	材料、色彩、软装、造型、主题、创意	希望达到
……			

当明确了业主需求内容之后，接下来就是将各方面需求融入设计中去。根据需求，进行资料收集与分析，用可视化的语言清晰地表现出来，形成设计元素，满足设计需要。

二、资料收集与意向分析

资料收集是设计中重要的一步。通过“看”找到“感”，更好地了解现代设计的动态与趋势；通过文字、图片、照片、草图等多种方式进行资料留存；通过分析、对比，启发设计灵感；去粗取精，形成并充实自己的设计理念。

资料收集的最终表现方式大多分为两种。

1. 资料收集与分析表

资料收集与分析表如表 1-3-2 所示。

表 1-3-2　资料收集与分析表

姓名		班级		组别		学号	
任务环节	资料收集			时间	年　月　日		
要点提示	资料价值 资料来源 空间要求 资料分析						
功能空间名称：粘贴资料处（插入电子图文文件） 资料价值： 资料分析： 资料来源： （可续页）							

2. 设计意向图

通过一系列的深入分析与研究，设计创意与概念已经在头脑中逐步形成，把这些给予设计者灵感的图片收集起来，这就是意向图。意向图是初期汇报交流的依据，也是方案深入的依据。通过意向图收集分析与研究，对空间的风格、元素、色彩、材料、家具与陈设等方面进行初步创意设计，如图 1-3-1、图 1-3-2 所示。

三、思维导图

思维导图是人思想的导游图，是在头脑中将已知信息通过思维进行重组的导向图。围绕业主喜好通过发散思维与联想思维进行思考，捕捉灵感、梳理零乱的想法，聚焦主题并进一步拓展，得到设计中需要的元素、色彩、造型、材料等，如图 1-3-3 所示。

四、元素推导

将从思维导图中得到的各种元素进行筛选，得到最终可应用的创意、概念、符号、色彩、材料等多方面内容，再通过元素分析利用分解、重构、联想等方法进行二次设计，得到设计细节的雏形，更好地将设计理念进行“图形化”，做到准备有序，如图 1-3-4、图 1-3-5 所示。

图 1-3-1　现代风格设计意向图　　图 1-3-2　简欧风格设计意向图

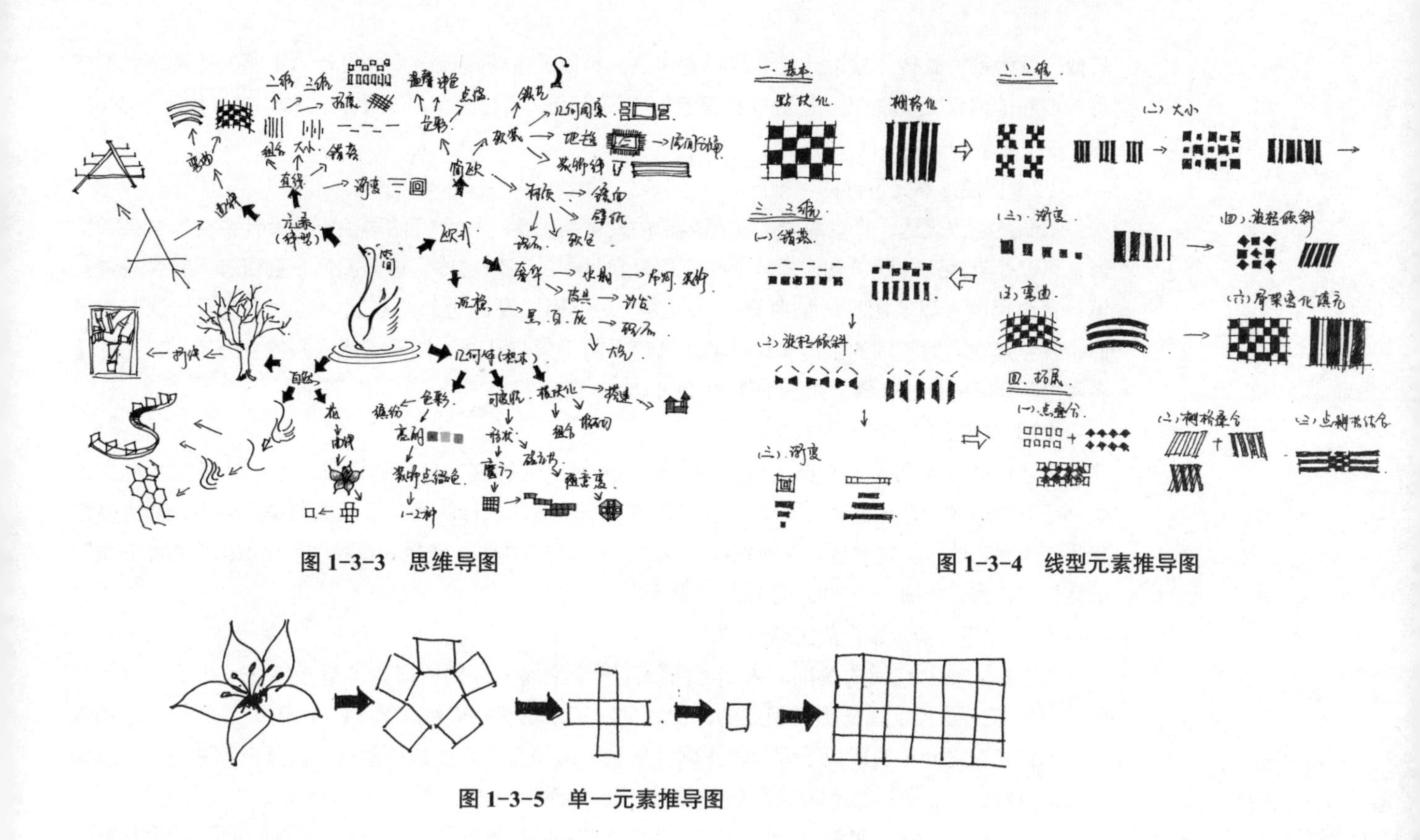

图 1-3-3　思维导图

图 1-3-4　线型元素推导图

图 1-3-5　单一元素推导图

知识链接

一、概念设计

概念设计是指把所有事物的共同本质特点抽象出来加以概括后所得到的总结。概念设计是设计中诸多表象和理念的整合，是头脑风暴由粗到精、由模糊到清晰不断深入的过程，是设计的主导。

二、概念设计的意义

在业主还不知道自己的喜好和想要什么的情况下，设计师必须通过发散思维找到多个切入点，然后通过思维导图和意向图将设计概念进行展现，以此来与客户进行沟通，并将设计进行准确的定位。

三、创新设计思维的方法

设计是理念与效果相结合的产物，设计的过程则是一种思维创新应用的过程。思维可以帮助设计师抓住转瞬即逝的灵感，这就是人们说的设计的源泉。没有好的思维，设计就会枯燥无味、一成不变，那个性化、品味化、独创性的设计就不会存在。

设计和主题是密不可分的，主题中潜藏着设计的形象、元素、色彩、材料等。所有的一切都是随着主题的确定而逐渐形成的，也就是说设计元素将随着主题的确定而更加清晰、明朗。

1. 多元化的主题

（1）以文字确定设计的主题

以文字确定设计主题的本质是一种用来表达思想并代表某种意义的特定符号，将文字通过简化、打散、重构等方式转化成设计元素或视觉焦点，可以最直接地表现室内设计的主题。这种方式，还可以很好地体现文化底蕴，营造极具深意的空间意境，唤起大家对文化的某种认知，如图 1-3-6、图 1-3-7 所示。

（2）以图形确定设计的主题

图形是思维表达、个性彰显、主题表现的最重要因素。一个好的居住空间设计中充斥着各种图形，可以是直线、曲线、几何形体，也可以是自然中的任何物体，这些图形千姿百态，特性各异。设计师利用图形以及图形的抽象概念，传达了对空间主题的理解与表现。当人们在看到这些图形时，就会直观地对空间的主题和设计意境有简单的了解与认知。图形带有强烈的象征意义，是营造各种主题空间的最佳选择，如图 1-3-8~ 图 1-3-10 所示。

（3）以“人”确定设计的主题

主题的确定最初意向来自人的需求，何种风格、何种装饰、何种色彩、何种功能、何种主题等，所有的一切都要做到以人为本。也就是说，一个室内设计的好与坏，主题是否合适，最终是由使用者来评判的。例如，老人喜欢别具一格的“木韵与茶香”；年轻人喜欢“因一棵树，在此安家”的随性与自由，如图 1-3-11、图 1-3-12 所示。

（4）以色彩确定设计的主题

色彩是人感知空间的基础，人们之所以对一个空间有深刻的印象，最直接的一个因素就是色彩。色彩与主题可以说是相辅相成的，主题的完美表现离不开色彩对气氛的渲染，而如何应用色彩，如何搭配色彩则要取决于设计的主题。例如，用绿色诠释生命和朝气；以蓝色为主色调，点缀以纯洁的白色、生命的绿色营造清爽的主题氛围，如图 1-3-13、图 1-3-14 所示。

图 1-3-6 文字直接表达主题（东棠设计作品）

图 1-3-7 文字变形间接表达主题（武汉木羽设计作品）

图 1-3-8 繁华主题空间

图 1-3-9 宁静主题空间

图 1-3-10 青春主题空间

图 1-3-11 别具一格的“木韵与茶香”（世纪方圆设计作品）

图 1-3-12 “因一棵树，在此安家”的随性与自由（连自成设计作品）

图 1-3-13 以绿色为主色调（杭州尚舍一屋设计作品）

图 1-3-14 以蓝色为主色调（清羽设计作品）

（5）以材质确定设计的主题

每种材质都有自己特定的肌理、表象、色彩、属性，作为设计的“外衣”，在设计表达中起到的作用是不容忽视的。确定主题、风格后，要因“物”置宜，选用合适的材料，充分调用材料的特性使设计的功能、外观、意境要求得到满足，营造不同的空间主题。例如，当“安藤忠雄”遇上了“包豪斯”，水泥板体现的现代前卫风格跃然纸面；“忆古韵”原木材料体现的中国传统风格更加具有韵味，如图 1-3-15、图 1-3-16 所示。

（6）以光影确定设计的主题

在室内设计中，光影不仅能满足人们视觉上、功能上的需求，也是空间营造的一个重要的美学因素，应根据主题确定该用何种形式的光影来丰富空间。以“自然”为题进行设计，如果看到阳光透过树梢的光影，这种气氛的生动与活泼是任何图形、任何材质不可及的。例如，安藤忠雄的作品 Koshino 住宅用自然光营造简约灵动的空间，凡尘壹品作品用光营造温馨和回忆的氛围，如图 1-3-17~ 图 1-3-19 所示。

2. 多方法启发思维

（1）联想思维

世上万物在客观上都存在着某些直接的或潜在的关联，当我们从一个点、一个事物、一个问题出发时，就会以此为基础迅速地与另一个点、事物、问题的相似点或相反点联系起来，这就是联想。联想是点燃灵感的火花，是通往创新的桥梁。人们通过联想将设计的一个创新点发展为纵横交错的网，更多地捕捉可以应用的灵感应用于设计中，这种方法称为“联想思维”，如图 1-3-20 所示。

（2）逆向思维

逆向思维简单地说就是一种反向思维方式。利用逆向思维可以将人的设计思路引向不同的方向，打破传统与定式，对所有的一切都提出一个“问号”，将设计从常规中解放出来，以否定方式进行创造性设计，别具一格，富有个性。

图 1-3-15 当“安藤忠雄”遇上了“包豪斯”水泥板（周军设计作品）

图 1-3-16 “忆古韵”的原木材料（武汉木羽设计作品）

图 1-3-17 Koshino 住宅（安藤忠雄作品）

图 1-3-18 用光营造温馨和回忆的氛围（凡尘壹品设计作品）

图 1-3-19 简约灵动的空间（安藤忠雄作品）

图 1-3-20 对自然的联想设计

运用逆向思维时，最简单的办法是选择一个较有特色的思维点，然后从反面思考，提出问题，解决问题，循环往复，一个新的有创意的室内设计就会应运而生了，如图 1-3-21、图 1-3-22 所示。

（3）仿生思维

设计与自然是密不可分的，仿生思维的基础来自大自然的万物，包括植物、动物、人类、结构等方面。人们在长期与大自然接触的过程中，经过不断的了解、认知、积累、学习，将自然物体的功能、形态进行改进，并通过材质、工艺、色彩对形态、结构进行模仿，将自然中的美延伸到空间、家具、软装等各方面的设计中。

自然中许多动、植物在漫长的生长过程中形成了一种实用、合理、完整的结构与功能。仿生思维将形态、结构转换成造型、元素，并巧妙地运用创造性的思维、工艺与设计理念，以夸张的手法展现外观形态，并增强功能性，赋予设计新的生命力，如图 1-3-23、图 1-3-24 所示。

（4）图解思维

图解思维可以看作一种自我交谈，是思想与草图之间的交流，从大脑经过手到纸面，再经由眼睛返回大脑的信息循环过程。循环的次数越多，可变性越强。在循环的过程中对图形进行观察，进行拆分、打散、重组，并结合设计的实际情况，加入想象力进行概念草图的绘制，这就是图解思维，也是解决问题的过程，如图 1-3-25 所示。

四、思维导图的绘制方法

一个词、一张图片、一个形态、一句话、一个音符以及一个表情都可以成为思维导图的中心，利用发散思维将自己头脑中的创意点进行重新整合，多角度捕捉设计灵感，由中心向外发散出成千

图 1-3-21 利用逆向思维将建筑物架空

图 1-3-22 柱子外露形成空间装饰点

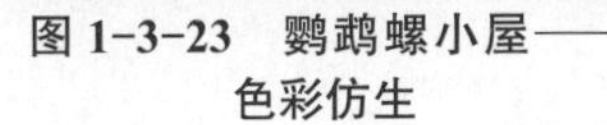

图 1-3-23　鹦鹉螺小屋——色彩仿生

图 1-3-24　鹦鹉螺小屋——结构形态仿生（一）

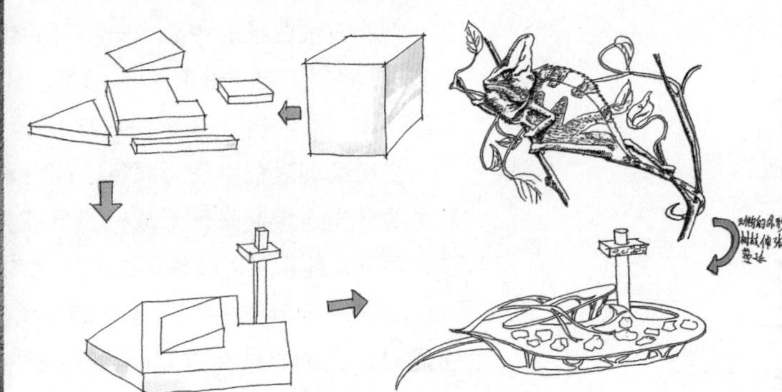

图 1-3-25　鹦鹉螺小屋——结构形态仿生（二）

上万个思维点，再由一层思维点再度整合向外发散，最终可推导出设计所需的符号及元素，形成设计的思维全景图，如图1-3-26、图 1-3-27 所示。

图 1-3-26　思维发散

思维导图寻找信息之间的联系点，然后由这个联系点不断向外扩展。在绘制思维导图时需要图文并茂，将所有点尽可能用形象、符号进行表达，用形象推动思考，用图形表达概念。

思维导图从中心进行发散，使用线条、符号、词汇、色彩和图形进行表现，遵循一套简单、基本、自然、易被大脑接受的规则，从而把一长串枯燥的信息变成彩色的、容易记忆的、有高辨识度的图形。

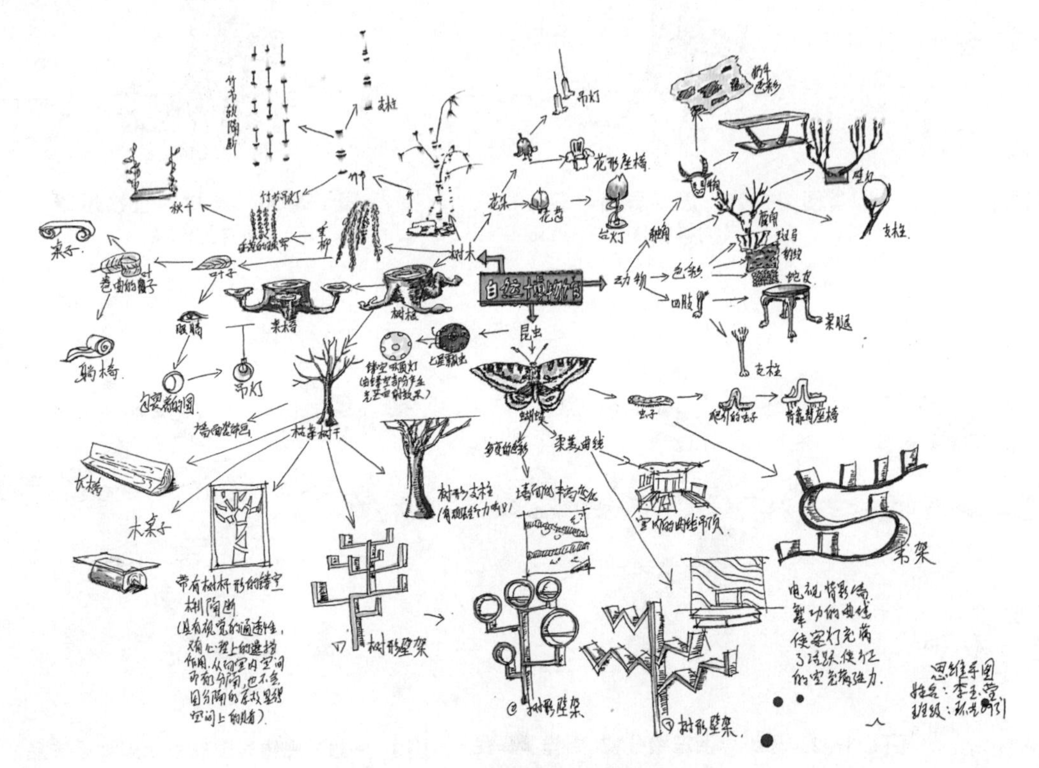

图 1-3-27　思维导图（李玉莹作品）

以“热带雨林”为主题进行的中式风格设计，其思维导图的绘制步骤如下：

①从一张白纸的中心或一侧开始绘制，留出相应的空白；将设计的主题以文字、图形等形式进行表达，作为思维导图的中心思想。建议使用图片，一张图片抵得上 1 000 个词汇。给这幅图片贴上标签——热带雨林，如图 1-3-28 所示。

②在绘制过程中使用颜色，颜色和图像一样能够给思维导图增添跳跃感和生命力。将中心图像和主要分支连接起来，形成一级分枝，从“热带雨林”图形中心开始，画一些向四周放射出来的树枝，每一条线都可以使用不同的颜色或形态，如图 1-3-29 所示。

③在每个分支上，用大号的字清楚地标上关键词。这些关键词是人们想到“热带雨林”这个主题时，大脑里就会立刻跳出来的那些场景、人物、物品、文字等。再利用想象，使用思维的要素——图形来改进这幅思维导图。每一个关键词的旁边，画一个能够代表它的图形。这部分也是从主题图形出发，大脑得到的最初、最直接的想法，如图 1-3-30 所示。

④用联想来扩展思维。看看每一个主要分支上所写的关键词，这些词是不是能让人想到更多的词？例如，舞蹈，会让人想到乐器、音符、柔美的曲线等。根据这些联想，将一级分枝的每个关键词再发散二级、三级、四级以及更多的分枝，完成一幅思维导图，如图 1-3-31~ 图 1-3-33 所示。在思维导图的最后联想中得到的就是在设计中可以运用的形态、元素、符号、色彩、材料以及各种细节装饰。通过元素分析进行方案的进一步深化，最终形成方案的初步设计与表现，如图 1-3-34 所示。

图 1-3-28　思维导图主题图形（周祥雯作品）

图 1-3-29　思维导图一级分枝（周祥雯作品）

图 1-3-30　最初的直接思维（周祥雯作品）

图 1-3-31　思维导图二级分枝（周祥雯作品）

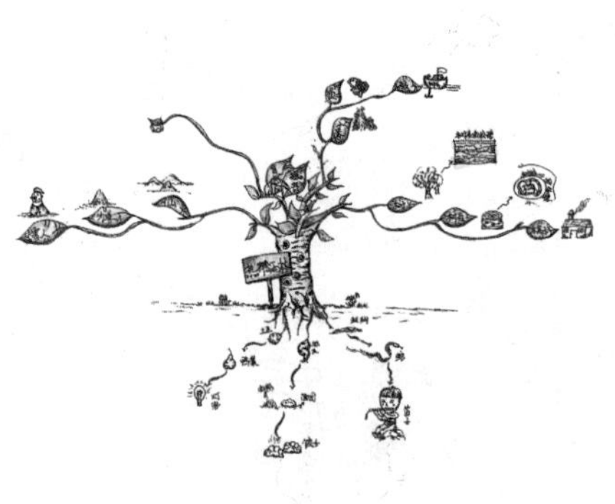

图 1-3-32　思维导图三级分枝（周祥雯作品）

图 1-3-33　思维导图形成（周祥雯作品）

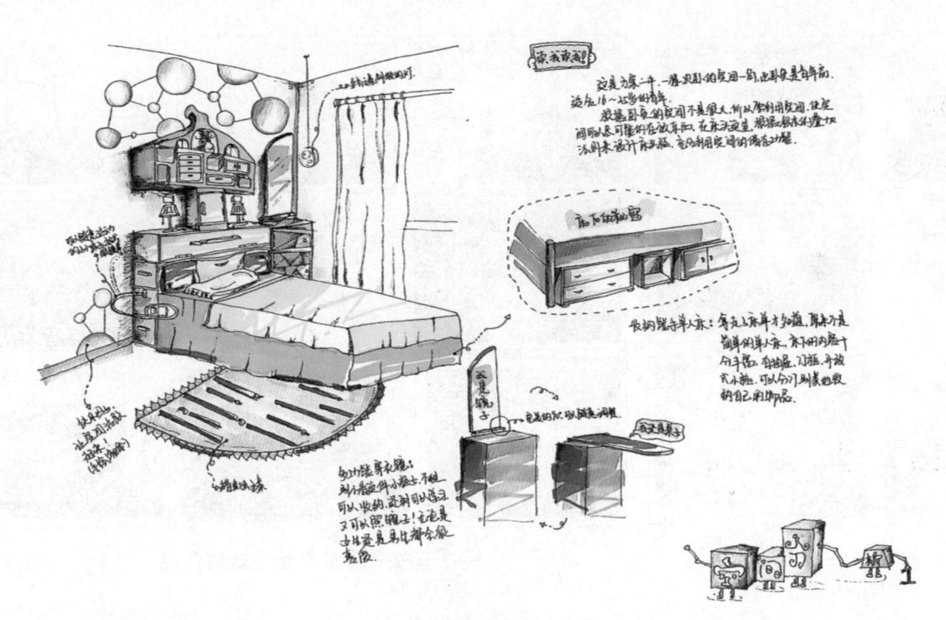

图 1-3-34　元素推导方案形成（周祥雯作品）

任务四　界面设计

一、界面草图绘制

居住空间界面，是指围合空间的地面、墙面和天花，是居住空间设计的最直接体现。在经过测量、考察、空间规划、概念设计等一系列工作以后，方案的设计风格、主题和平面布局基本确定。这时，对界面的设计就显得尤为重要。

界面的设计，既有功能性要求，也有造型和美观的要求，包括形态、色彩和材质的选择与应用。

1. 资料收集

根据已经确定的设计风格、设计主题与思维导图最终得到的设计元素等，对各个功能空间的主界面进行广泛的资料收集，以便对界面的形式、细节、功能进行设计。可以从中挑选出适合自己设计风格的图片，提取其中相关的元素，借鉴形式、功能，增加自己的设计理念，发展成自己的设计方案，如图 1-4-1、图 1-4-2 所示。

2. 方案草图绘制

根据意向图的分析、提炼、思考、重组、创新，并依据形式美法则，将界面方案利用草图的方式进行多方绘制，多种表现，如图 1-4-3、图 1-4-4 所示，从而更好地完善界面方案的设计。

图 1-4-1 客厅界面设计意向图（一）

图 1-4-2 卧室界面设计意向图（二）

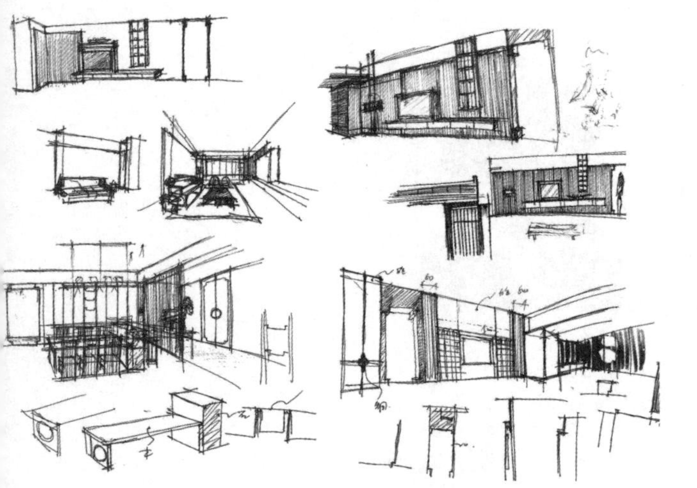

图 1-4-3 各功能空间草图绘制

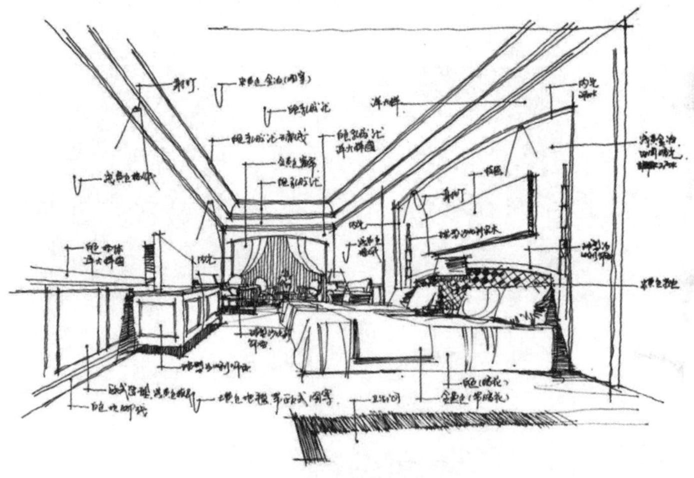

图 1-4-4 整体空间草图绘制

二、界面色彩搭配

室内色彩的主色调确定是色彩搭配的第一步，主色调贯穿整体空间，确定了主色调才能依据主色调进行局部色彩的搭配。在界面设计已经初步完成后，要根据业主的需求、风格的限定、空间的功能性等寻找灵感进行主色调与搭配色的确定，只有确定了色彩后才可以更好地进行材质选择与效果表现。

本方案以冷色系中的黑色、白色为主色调，搭配以灰色、金黄色，营造强烈、稳重、内敛的效果，如图 1-4-5 所示。

三、界面材料质感应用

材料选用直接影响室内设计整体的实用性、经济性、环境气氛和美观度等方面。根据风格、造型、色彩、功能、位置、经济、环保等方面的要求，运用适当的材料，为实现设计构思的最终效果创造坚实的基础。界面装饰材料的选择，应注意要“精心设计、巧于用材、精选优材、一般材质新用”。

本方案中的材料选择，地面材料以石材或者地板为主，界面材料以护墙板、石材、软包、壁纸、石膏线等为主，天花材料以石膏板、石膏线为主，旨在营造新欧式风格所体现的低调奢华感，如图 1-4-6 所示。

四、地面铺装图、立面图与天花图绘制

方案的平面布局、界面设计草图构思得到业主的认可后，就可以进行方案的最终确定，进行地面铺装图、天花图、立面图的制作，此阶段也是将来施工的依据。方案所应用的色彩、材料、工艺、造型等所有问题都会在本阶段得到最终的解决，如图 1-4-7~ 图 1-4-10 所示。

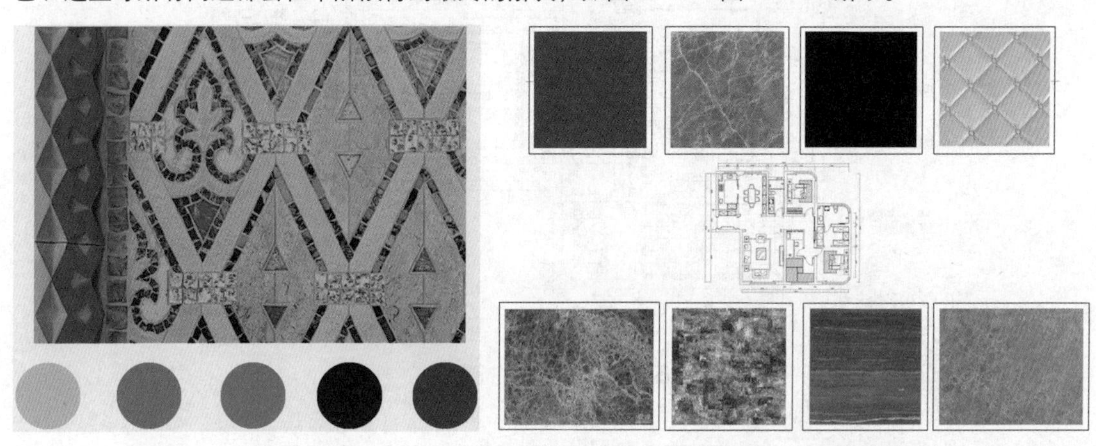

图 1-4-5　色彩分析图　　图 1-4-6　材料意向图

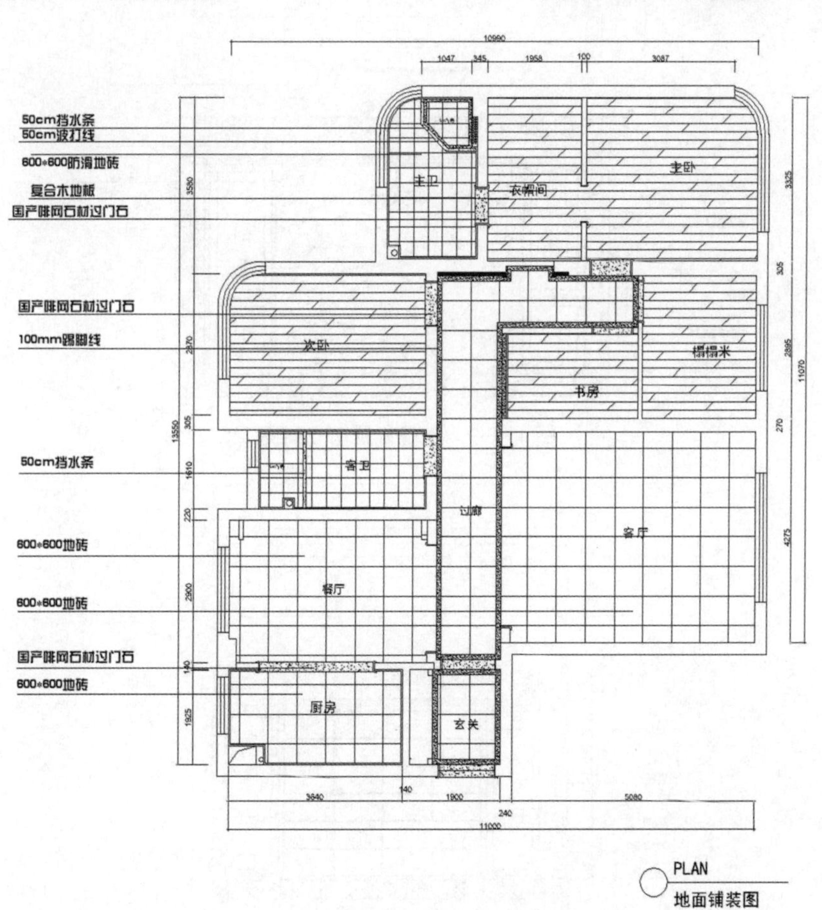

图 1-4-7　地面铺装图

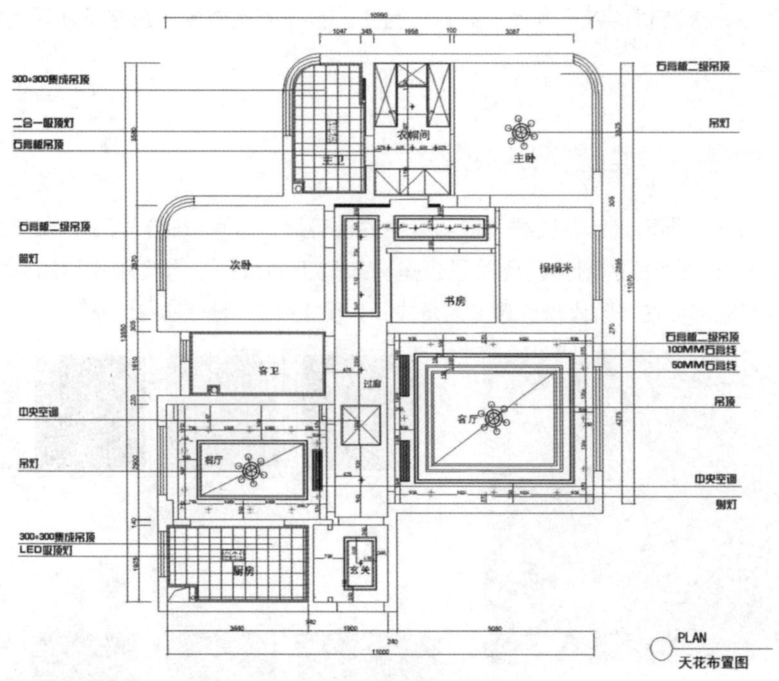

图 1-4-8　天花布置图

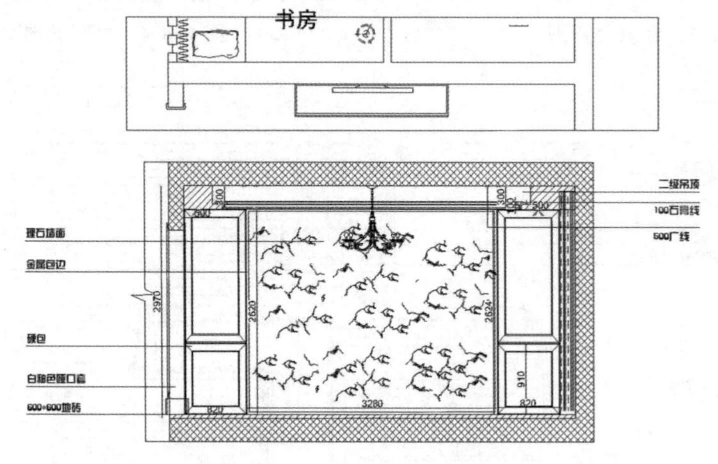

图 1-4-9　电视背景墙立面图

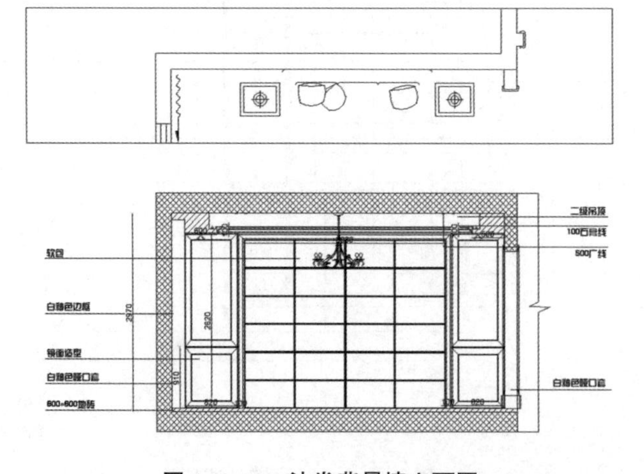

图 1-4-10　沙发背景墙立面图

知识链接

一、居住空间界面设计

空间和界面是一个事物的两个方面，它们相辅相成，界面围合空间，空间制约界面。对界面的设计实际上就是在满足空间功能性的基础上，对居住空间的视觉审美进行深化设计，将设计变得更加具体，将三维要素转化为二维要素进行展现。

1. 界面设计的思考

（1）天花

天花在空间中扮演了极其重要的角色，决定了空间的高度，直接影响着人们的直观视觉感受。天花在室内空间中几乎没有视觉遮挡，可以让人一览无余，当墙面与地面被大量家具所覆盖时，天花的造型往往可以不同程度地区分不同的功能空间。天花在楼板、梁、柱等结构的制约下，设计的局限性也相对较大。天花一般是最先进行设计的界面，然后才会根据天花造型，进行墙面和地面的形式设计，这样就可以保证所有界面设计的统一性与完整性，如图 1-4-11、图 1-4-12 所示。

（2）墙面

墙面是空间围合的根本。与天花、地面不同的是，墙面设计的限制性较小，可以更好地体现设计的理念，保证空间的功能性。墙面的造型、色彩等直接影响着人们的视觉感受。以水平线为主，视觉上则可以增加进深感，空间更加开阔；以垂直线条为主，视觉上则可以提升空间高度，使空间更加高大；以曲线为主，视觉上则让人感觉到了一种动感，使空间更加灵动。墙面通常承载的信息量较多，是体现设计主题的最主要途径，一面主题墙面就可以让设计主题一目了然。具有功能性的墙面，可以让整个设计使人眼前一亮，同时也提升了空间的功能性，一举两得，如图 1-4-13、图 1-4-14 所示。

（3）地面

地面的色彩、造型、布局是影响空间色调的重要因素。不同的风格、色调选择不同的材质，通常情况下，地面的材质选择越简单，越能统一整个设计，整体效果越好。地面设计，要依据天面、墙面的造型、材质、色彩等多方因素来进行，如果有特殊拼花需求，要求形式简洁明了，不要让人感觉到眼花缭乱、杂乱无章，如图 1-4-15~ 图 1-4-17 所示。

数字资源 1-4-1
界面设计中的“人机尺度”要求

2. 界面设计的原则

界面设计要求质感、形态、色调三者协调统一，具有功能性与审美性的融合。所以，界面设计需遵循三大原则，即功能原则、形态原则、质感原则。

（1）功能原则

著名建筑大师贝聿铭有这样一段表述：“建筑是人用的，空间、广场是人进去的，是供人享用

图 1-4-11　利用天花造型进行空间划分（太合麦田设计作品）

图 1-4-12　天花材质及高低落差变化（菲拉设计作品）

图 1-4-13　一面功能墙表现业主喜好（朵墨设计作品）

图 1-4-14 一面墙绘表现“南京”主题（苏秀设计作品）

图 1-4-15 地面造型与天花呼应调节了空间重色缺失

图 1-4-16 地面圆形拼花与天花造型呼应

图 1-4-17 地面长方形拼花与天花造型呼应

的，要关心人，要为使用者着想。”使用功能必须成为居住空间设计的第一原则，各功能空间的界面设计要满足不同的功能需求。例如，书房的界面需要满足藏书需求，客厅空间需要满足视听需求。

（2）形态原则

形态是人视觉的第一观感，包括色彩、造型等。利用形式美法则，将界面经过划分、解构、重组，再通过二维形态向三维空间的转换，形成功能性，在“美”的基础上加入功能性。

（3）质感原则

界面的形式美、色彩美主要是以材料为载体进行表现的，不同界面由于形式、功能的不同会选择不同的材料，以此来表现质感，更好地表现设计风格与主题。

二、形式美法则

1. 对比与调和

界面设计在各种元素的应用中都存在着对比，质感的对比、线型的对比、形体的对比、方向的对比、肌理的对比、空间的对比、色彩的对比等，对比可以强化视觉冲击力。但避免毫无关联的对比，要寻找事物的共同点，来达到视觉的和谐统一。

所有风格界面设计都是形态、色彩、材质被一致调和呈现的效果，而不应造成视觉上的零乱。但如果过分强调就会造成视觉上的单调、乏味。所以，对比与调和虽是对立的，但却密不可分。

例如，墙面选择了原木与水泥来进行对比表现，也利用了水泥与原木的自然特性进行统一，如图 1-4-18 所示；红绿色形成了鲜明的对比与调和，如图 1-4-19 所示。

图 1-4-18 原木与水泥自然材质的调和（寓子设计作品）

图 1-4-19 红色与绿色的对比与调和（朵墨设计作品）

2. 对称与均衡

对称的形态呈现的是安定、自然、均匀、协调、整齐、典雅、庄重的美感，均衡则是一种自由又稳定的结构形式，是指界面形态在面积、色彩、材质等要素上具有相对等量的关系。对称是在统一中求变化，均衡则侧重在变化中求统一。

在居住空间界面设计上，对称与均衡产生的视觉效果是不同的，前者端庄静穆，有统一感、韵律感，但如过分均等就易显呆板；后者生动活泼，有运动感，但有时因变化过强而易失衡。因此，在设计中要注意把对称、均衡两种形式有机地结合起来灵活运用，如图 1-4-20、图 1-4-21 所示。

图 1-4-20　对称式界面设计（禾谷设计作品）

图 1-4-21　对称式界面设计

3. 节奏与韵律

节奏强调变化的规律性，而韵律则是重复性的变化，节奏主要依托于色彩以及形态的周期性变化。如果将节奏看作点与直线的排列，那么韵律就是一种曲线的灵动美。相对于节奏，韵律更多样化，在界面设计中，节奏与韵律是通过点、线、面、体、色彩、肌理等要素来表现的，并且要在变化之中实现整体的统一与和谐，如图 1-4-22、图 1-4-23 所示。

图 1-4-22　界面中的节奏设计（黄德宇设计作品）

图 1-4-23　界面中的渐变韵律

4. 比例与尺度

比例是指整体与局部、局部与局部之间的尺度关系。比例和谐，就会有视觉舒适感；比例相差悬殊，就会使设计看起来像是穿了大人衣服的小孩子，使整个设计产生不和谐感。

黄金分割比是一种完美的比例，比例为 1 ∶ 0.618，这一比例也被广泛应用于建筑、室内设计、平面设计、绘画、实用艺术等各大领域，如图 1-4-24、图 1-4-25 所示。

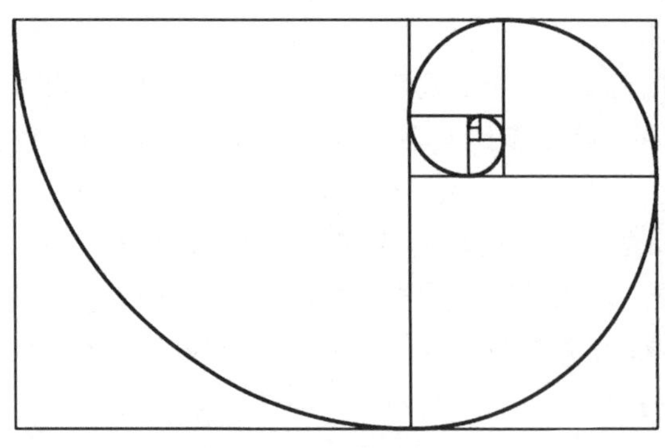

图 1-4-24 黄金分割比

图 1-4-25 照片墙设计

尺度有生理尺度和心理尺度。所谓生理尺度，是指在进行界面设计时要结合人体工程学、使用者、界面空间等方面进行合理的设计。例如，界面设计具有储物功能，那生理尺度就极为重要，每层格的尺度，整体尺度都需要适度。心理尺度就是尺度对人心理的影响，不同的尺度会给人不同的心理感受。例如，同样以山水画为主旋律的界面设计，由于尺度的大小不同，给人的心理感受也有着较大的差异，尺度小的让人感受到一种优美的意境，一种内心的宁静；尺度大的则让人感受到一种磅礴的气势，如图 1-4-26、图 1-4-27 所示。

图 1-4-26 功能性界面的生理尺度

(a) (b)

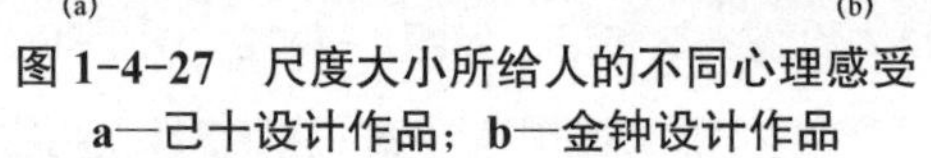

图 1-4-27 尺度大小所给人的不同心理感受
a—己十设计作品；b—金钟设计作品

三、图形要素

点、线、面是设计中图形的基本语言，任何一个设计无论最终以何种方式呈现，都可以归结为点、线、面的结合。

1. 点的表现

点是图形中最小、最活跃的单位，它可以通过不同的排列方式形成线和面，具有较强的聚集性、跳跃性。在界面设计中点只是一个相对的概念，实际上它可以有大小、形状、方向、聚散等不同的形态。可以利用单独的一个点，来强调界面的视觉中心，也可以利用点的规则与不规则的构成形式，来制作丰富的视觉效果。例如，可以利用点的聚合来表达凝聚感；利用点的发散表达扩张感；利用点的矩阵表达秩序感；利用点的规律表达节奏感，如图 1-4-28、图 1-4-29 所示。

2. 线的表现

线可以看作点的排列和延伸，具有宽度、位置、形状、方向等。线最具有特色的性质就是方向性，不同的线表达的语言内涵也有所不同。

平行线平静、宽广、无垠，倾向于给人安稳的、放松的感觉，线条越长这种感觉越强烈；垂直线庄严、肃穆、崇高，线条越高越能唤起人的渴望感；斜线运动、变化、危险，带给人不稳定感，长的斜线会使空间产生放大的效果；曲线优雅、灵动，使空间更加生动、优美，如图 1-4-30、图 1-4-31 所示。

3. 面的表现

面是点与线的扩张或组织排列，面可以创造出不同的界面形态，可以通过面的分割表现时尚感。也可以利用玻璃等透明材料构成界面虚实的变化，具有通透、轻盈的特点，且空间开阔感较强，但私密性下降，如图 1-4-32、图 1-4-33 所示。

图 1-4-28　点的扩张感表达

图 1-4-29　点的秩序性表达

图 1-4-30　垂直线的应用

图 1-4-31　曲线的应用

图 1-4-32　界面几何分隔的时尚感

图 1-4-33　界面的虚实对比

四、色彩搭配与应用

1. 色彩的物理、生理、心理及空间作用

色彩在生活中随处可见，从衣着打扮到一个空间、一栋建筑都具有独特的色彩表象，色彩是最直观的视觉语言，更是一种传播情感的途径。所以，当色彩不同时，人们便会产生一系列的物理、生理、心理以及空间的反应。

（1）色彩的物理作用

太阳和火由于都会带给人温暖，因此与其色彩相近的红色、橙色、黄色就会带来感观上的温暖，所以这一类的颜色被称为暖色系；大海和夜晚是凉爽的甚至寒冷的，因此与其色彩相近的蓝色、青色等会给人带来感观上的凉爽，这一类颜色统称为冷色系。朝南的房间界面多采用冷色调，朝北的房间界面则多采用暖色调，原则上可利用色彩的物理作用来调节室内的感观温度，如图 1-4-34、图 1-4-35 所示。

（2）色彩的生理作用

色彩的物理属性会带来相应的心理反应，暖色会让人兴奋、紧张，冷色会让人冷静、平静。如长时间处于红色界面中，易出现焦躁、视觉疲劳的感觉；绿色界面可以解除疲劳、改善情绪；橙色可以增加食欲，见表 1-4-1。

数字资源 1-4-2
色彩搭配小讲堂

图 1-4-34 界面冷色调设计（拾光悠然设计作品）

图 1-4-35 界面暖色调设计（思维空间设计团队设计作品）

表 1-4-1 色彩的生理与心理作用

色相	具体联想	生理作用	心理作用	色彩象征
红	血与火	肌肉机能加强，血液循环加快	热烈、兴奋、冲动	喜庆、生命、活力、雄壮、成熟
橙	橙子、夕阳、秋日	脉搏加速，温度升高	炽热、兴奋、好战、温暖	丰收、富足、甜美、欢乐、幸福
黄	阳光、柠檬、银杏	平静、祥和	心情舒畅、充满希望、骄傲	温暖、知识、信念
绿	大自然、森林、草原	宁静、松弛	年轻、活力、充实、大度	和平、希望、理想、永久
蓝	宇宙、海洋、天空	脉搏减缓，情绪沉静、稳定	严肃、认真、平静	理智、收缩、内向、信仰、不朽
紫	葡萄、薰衣草	放松、柔和、压迫感	神秘、浪漫、孤独	虔诚、高雅、温柔
白	云、雪、棉	轻盈感	纯洁、天真、朴素	神圣、光明、永恒
黑	黑夜	压迫感	神秘、冷漠、生畏	权威、尊严、悲伤、无形
灰	钢铁	安稳、柔和	平凡、稳定	冷静、含蓄、被动

（3）色彩的心理作用

色彩的心理作用是指人对色彩所产生的心理感受。其实色彩的心理作用，是人赋予色彩的表情。有些是人们对色彩的直观感受，有些是人们通过联想赋予色彩的象征意义。例如，暖色给人热烈感，冷色给人消极感。色彩也会有软硬感，深色使人感觉到坚硬，让人联想到石材、金属等；浅色使人有柔软感，让人联想到绒毛等（表 1-4-1）。因此，在设计过程中要注重色彩带来的心理作用，才能真正做到“以人为本”，如图 1-4-36~ 图 1-4-38 所示。

图 1-4-36 绿色界面给人清爽感（宁洁设计作品）

图 1-4-37 蓝色界面给人宁静感（宁洁设计作品）

图 1-4-38 橙红色界面给人热烈感（以勒设计作品）

（4）色彩的空间作用

人们根据自身的感受，把色彩分为前进色、后退色。通常冷色系偏轻，有后退感，如界面使用冷色系，房间会显得更大，更具距离感；暖色系则偏重，有互相吸引的感觉，形成前进感，如界面使用暖色系，房间则会显得相对较窄，如图 1-4-39、图 1-4-40 所示。

2. 色彩的设计原则

室内色彩由界面、家具以及陈设的色彩组成，色彩相对繁杂，要达到和谐的状态，必须要有合理的设计（图 1-4-41、图 1-4-42）。

（1）基调的选择

所谓基调就是空间的整体色，以一种色调来统一整个设计，才不会让空间显得凌乱。基调的选择与风格、功能、结构、业主喜好密切相关。基调除了特定风格以外，一般不会选择明度较高、色相较纯的色彩。

（2）空间朝向与面积

色彩的选择还要考虑到空间朝向与面积问题。朝向为北、面积较小的空间应以较浅的暖色调为主；朝向为南、面积较大的空间色彩使用则相对自由，但一般情况下，会选择偏冷的色系。

（3）数量的确定

除了黑、白、灰无色系外，色相对比较强的色彩、反差较大的色彩，最好不要太多，面积不要太大，可以有少量的装饰。空间主色以 3 种为宜，否则会使空间杂乱无章。

3. 色彩在各功能空间中的应用

（1）客厅

客厅在整个空间中起到连接内外的作用，色彩的选择，既取决于风格的表达、主题的表现、业主的喜好，也是人的直观印象。客厅的色彩决定了整个方案的色彩选择与搭配。例如，为了营造客厅温馨的气氛，应采用暖色系为基调，但却不宜采用过于强烈的暖色系；如果业主喜欢冷色调，那么也要冷暖平衡，如图 1-4-43、图 1-4-44 所示。

图 1-4-39　冷色的后退感

图 1-4-40　暖色的前进感

图 1-4-41　空间以白色为主基调（研舍设计作品）

图 1-4-42　白、灰、黄三色调

图 1-4-43　暖色基调营造的温馨气氛

图 1-4-44　冷暖平衡的色彩设计

（2）卧室

卧室是私密性最强的空间，是整个设计中色彩可以有相对独特性设计的空间，但无论如何，卧室的主要功能都是休息，所以色调一定要柔和、温馨、宁静，适宜人休息，不要让人产生焦躁感。例如，儿童房的色彩应该是明快、活泼、充满幻想的，主卧色彩应该是沉稳大气、个性张扬的，如图 1-4-45、图 1-4-46 所示。

（3）书房

书房是学习、工作的地方，需要营造安静的室内环境，宜选用明快、淡雅的色彩，以利于人们集中精神，特别是带有蓝绿成分的色彩，更可以起到缓解眼疲劳的作用，如图 1-4-47、图 1-4-48 所示。切忌使用饱和度较高的艳色的拼色，这样会使整个空间显得杂乱无章，不利于人们工作学习。

（4）餐厅

餐厅的色彩与客厅的色彩要有延续性，餐厅的色彩体现出餐厅就是客厅的一部分，如图 1-4-49 所示。餐厅一般以明快、温暖的颜色为主，对人们就餐时的心理影响较大，可增加进餐的情趣。如黄色、白色的搭配会令人感到温和舒适，使进餐者悠然自得，如图 1-4-50 所示。同时，也可以利用灯光来调节色彩。

（5）卫浴间

卫浴间空间狭小，色调要明朗洁净，颜色以淡雅为主，白色、浅绿色、浅蓝色、米黄色等，都是卫浴间最常用的色彩。浅色调可以让空间环境达到开阔、轻松、明快、清爽的效果，如图 1-4-51 所示。

图 1-4-45　粉色的公主梦

图 1-4-46　富有个性且沉稳的灰色（周军设计作品）

图 1-4-47　色彩淡雅的书房安静且温馨（兆石设计作品）

图 1-4-48　绿色系书房可以缓解眼疲劳（DE 设计事务所设计作品）

图 1-4-49　餐厅对客厅色彩的延续
（思维空间设计团队设计作品）

图 1-4-50　温馨的色彩可以促进食欲
（西安素图空间设计作品）

图 1-4-51　卫浴间色彩干净、明快、清爽

五、室内装饰材料选用

数字资源 1-4-3
居住空间案例分析——大连旺水朝堂装饰（刘玉军）

室内装饰材料是指用于空间界面的罩面材料，选用不同的材料可表现不同的风格和效果。

1. 室内装饰材料选用原则

（1）功能性原则

在选用材料时，不同功能空间，需要选择相应类别的材料来烘托氛围。例如，客厅材料就要耐磨、舒适、美观大方、体现个性；厨房、卫浴间材料就要耐水、抗渗、不发霉、易擦洗；卧室材料要隔音、保温，营造宁静温馨的氛围。

（2）经济性原则

材料的经济性也是选择的重要原则之一，选用材料要根据业主的经济情况量力而行，本着经济适用的原则，适当分配资源。

数字资源 1-4-4
设计师讲堂——居住空间色彩设计（郭亘）

（3）环保性原则

材料选择时，要以绿色环保为首要原则，一定要在安全、无污染、符合国家标准的前提下，挑选材料。

（4）美观性原则

材料的选择要以美观、大方、时尚为原则，可以通过材料的质感、色彩搭配组合实现设计的理念，运用材料的搭配彰显设计的创新与个性。

2. 界面材料质感运用

质感是视觉或触觉对材料特质的感觉。不同的质感可以营造不同的氛围和环境，带给人们不同的视觉感度，质感包括肌理、色彩、形态三大方面的特征。

（1）肌理

肌理是指材料本身表现出来的表面纹理和形态特征。肌理的构成形态有颗粒、块状、线状、网状等。肌理可以分为自然肌理和人工肌理两种。自然肌理是材料的天然构造，自然形成，无完全相同的，各具特色，如实木纹理、石材花纹等；人工肌理是经过加工处理形成的，如地毯、壁纸、玻璃等。设计师可利用材料不同的肌理来营造具有特色的空间氛围，如图 1-4-52~ 图 1-4-54 所示。

（2）色彩

色彩是人对物、对空间的第一视觉感受载体，在表达情感方面有着很明显的优势，可以通过色彩的明度、饱和度、对比度、相似度等搭配来改变空间给人的整体感受，将整体方案更好地展现。材料的色彩属性也有天然和人工之分，天然的色彩给人素雅、古朴、自然的纯粹感，材料经过人工加工色彩可变得纯正、明艳，如图 1-4-55 所示。

（3）形态

材料的形态分为两种，一种是自身肌理形成的独特韵律、形态，另一种是材料与形式的组合，形成的有规律的视觉效果。不同的形态能赋予材料不同的使用功能和艺术效果，如图 1-4-56 所示。

图 1-4-52 材料的自然肌理突显自然风格（WEI建筑设计作品）

图 1-4-53 利用原木肌理制作独特的界面装饰（邹洪博设计作品）

图 1-4-54 多种不同肌理的材质（思维空间设计团队设计作品）

图 1-4-55 对比色调，活跃空间氛围（成都壹阁高端室内设计事务所设计作品）

图 1-4-56 普通的页岩砖采用堆叠、错位的形式显现出完全不同的肌理效果（CCDI 北智室内设计作品）

3. 各功能空间材料选择与应用

每个空间由于各具不同的功能性，所以在材料的选择上也会有相应的不同。不同的材料由于其质感、肌理、色彩、形态等方面的差别，可以营造出完全不同的空间氛围（表 1-4-2）。

表 1-4-2 功能空间材料选择参考表

空间	主要材料	选择原因
玄关（门厅）	地面：花岗岩、大理石、抛光砖、釉面砖、复合地板等	人流量大，耐磨、防潮、易清洁
客厅	天花：简洁的石膏饰线、乳胶漆涂料、石膏板	层高与空间限制
	立面：内墙涂料、壁纸、大理石、仿古砖等	整体效果考虑
	地面：花岗岩、大理石、抛光砖、釉面砖、复合地板等	耐磨、易清洁
餐厅	地面：抛光砖、石材、釉面砖等	防水、耐磨、防滑、易清洁
厨房	地面：陶瓷类同质地砖	防火、防水、防潮、易清洁
	立面：防水涂料或陶瓷面砖	
	天花：集成吊顶或铝塑板等	
卧室	地面：木地板、地毯	恒温、亲切、温馨
	立面：内墙涂料、壁纸	
书房	地面：木地板、地毯	温馨、抗噪声、宁静
	立面：内墙涂料、壁纸、木饰面板	
浴室	地面：陶瓷类同质地砖	防火、防水、防潮、易清洁
	立面：陶瓷面砖	
	天花：集成吊顶或铝塑板等	
	特殊风格使用的特殊材料除外	

数字资源 1-4-5
设计师讲堂——居住空间灯光设计（郭亘）

任务五　室内软装设计

一、软装意向图

根据方案的整体设计风格以及在方案现已完成的硬装设计基础上，来进行软装风格确定，并根据其风格通过网络、书籍、图片、文字等各种方法进行资料的全面收集，对软装设计的风格、造型、创意、特色等进行一定的了解，并完成“软装意向图”的制作，作为软装提案的前期参考，如图 1-5-1~ 图 1-5-3 所示。

图 1-5-1　软装意向图（一）

图 1-5-2　软装意向图（二）

图 1-5-3　软装意向图（三）

二、市场调研

在有了初步的意向以后，进行市场调研，亲身体验感受各种软装饰品，包括家具、灯具、陈设等，对其造型、材质、质地、工艺、尺度、体量、价格、风格等有深入的了解，并完成“软装市场调研表”制作（表 1-5-1）。

表 1-5-1　软装市场调研表

班级：　姓名：　学号：　组别：　时间：　地点：

空间类别	产品类别	名称	尺寸	价格 / 元	备注
客厅	家具				
	灯具				
	布艺				
	陈设				
餐厅	家具				
	灯具				
	布艺				
	陈设				
厨房	家具				
	灯具				
	陈设				
卧室	家具				
	灯具				
	布艺				
	陈设				

续表

空间类别	产品类别	名称	尺寸	价格 / 元	备注
书房	家具				
	灯具				
	布艺				
	陈设				
洗手间	家具				
	陈设				
其他					

三、软装设计计划

在完成市场调研的基础上，以方案的实际需要、业主的需求为出发点，选配家具、灯具、布艺、陈设品等软装元素，并最终完成“软装计划表”制定（表 1-5-2）。

表 1-5-2　软装计划表

位置	项目	说明（配图）
客厅	茶几、沙发、落地灯、台灯、陈设	
厨房餐厅	餐桌椅、灯具	
卧室	主卧床、儿童床 衣帽柜、卧室灯具	
书房	书柜、写字台、灯具	
其他	布艺、陈设、绿化等	

四、软装提案

进行软装提案的最终设计与制作，提案包括概念设计与各功能空间软装提案设计部分。

1. 概念设计

概念设计是软装提案的理念形成部分，依据整个设计方案的风格、主题、需求、意向图、调研等方面，进行设计主题、设计材质、色彩定位以及灵感溯源的全面表述。

（1）设计主题

用图片、色彩、文字对整个方案所要表现出来的主题进行简洁的描述（图 1-5-4）。

（2）设计材质

对软装设计的主要材质进行简要分析，可以让人直观地了解整个设计的材质应用类型、样式和质感（图 1-5-5）。

（3）色彩定位

对软装设计的总体色彩利用色块和色号进行全面展现，以此更好地将色彩进行规划与整理（图 1-5-6）。

（4）灵感溯源

将整个软装提案的设计灵感进行全面阐述（图 1-5-7）。

2. 功能空间分析

提案部分是对设计方案中的平面划分、动线规划、各功能空间软装进行全面展现，可以让人直观地感受到各功能空间的软装效果，以及各软装元素之间的关系、造型、色彩、风格、材质等方面的搭配。

图 1-5-4　设计主题确定

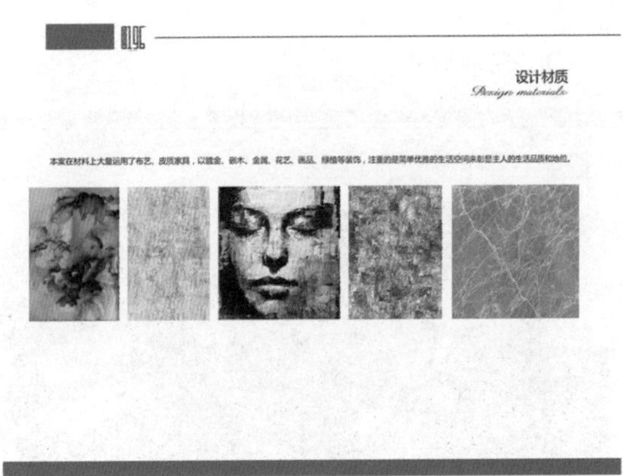

图 1-5-5　设计材质分析

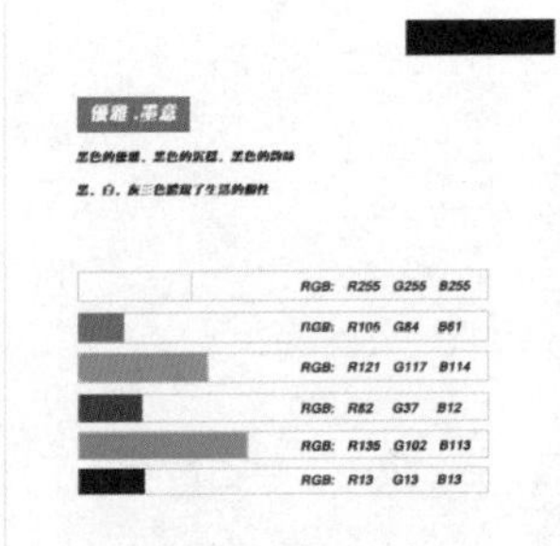

图 1-5-6　设计色彩定位

图 1-5-7　设计灵感溯源

（1）空间划分

将已经完成的空间功能划分方案进行深入探讨，看是否有需要改进和更改的地方，或者对各功能空间的分隔方式进行详细规划，看是利用家具还是利用地面铺装等进行分隔（图 1-5-8）。

（2）动线规划

随着家具布置的完成，以及各软装元素的逐步应用完善，对空间的动线在原有规划的基础上进行相应的调整，让空间动线更适合主、客人行动与对空间的认知，让人行动更加方便（图 1-5-9）。

（3）软装提案

根据前期资料和意向图的分析和软装风格、概念、色彩、材质的前期设计，以及对软装的市场调研，将各功能空间软装方案利用 Photoshop 等软件进行全面的设计与表现，并形成软装提案，如图 1-5-10 至图 1-5-13 所示。

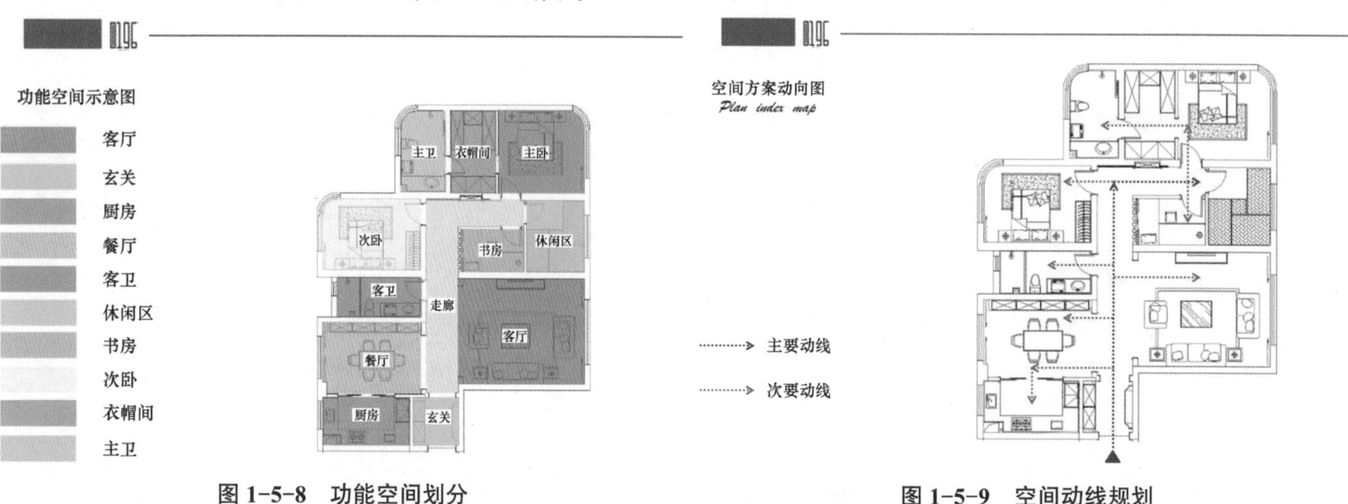

图 1-5-8 功能空间划分

图 1-5-9 空间动线规划

图 1-5-10 客厅软装提案

图 1-5-11 书房软装提案

图 1-5-12 卧室软装提案

图 1-5-13 卫浴间软装提案

知识链接

一、室内软装设计含义

室内软装设计又称室内环境装饰，是在完成硬装三大界面设计之后，根据方案的整体风格、业主需求、功能空间的实际需要，利用除硬装以外所有功能性、生活性以及观赏性的可移动物品，对室内进行二次装饰。

二、室内软装设计作用

1. 美化环境、烘托氛围、营造意境

硬装是固定的且不可移动的，不能随心而变。因此可以利用软装来改变空间的单一性，使空间的可变性增强。不同风格、造型的软装对美化环境、烘托氛围起着不同的作用，比如用一束红玫瑰可以营造热烈喜庆的气氛、一盏水晶灯可以营造高贵典雅的气氛、一幅国画可以营造禅意氛围、一面照片墙可以营造亲切的家庭气氛，如图 1-5-14、图 1-5-15 所示。

2. 强化设计风格

每个居住空间都有着完全不同的设计风格，如现代风格、后现代风格等，每种风格在硬装表现上有着属于自己的不同特点。根据这一特点，再利用软装独有的造型、色彩、图案、质感，选择对空间的整体设计风格进行强化与深入，可以更好地诠释设计理念，如图 1-5-16、图 1-5-17 所示。

图 1-5-14　华贵的水晶吊灯营造高贵典雅的气氛（郑树芬作品）

图 1-5-15　心形照片墙营造家的温馨与浪漫气氛

图 1-5-16　卷轴式水墨画强化了禅意氛围（CCD 香港郑中设计事务所设计作品）

图 1-5-17　中式家具将中式风格完美展现（CCD 香港郑中设计事务所设计作品）

3. 调节环境色彩

空间方案设计的主色调一般不超过三种，因此要通过植物、织物、家具等软装的色彩来增添空间情趣，调节环境氛围。可以将色彩以天花、墙面、地面为载体，利用软装元素形成一个视觉延伸线，使色彩“来有源、去有终”，如图 1-5-18、图 1-5-19 所示。

4. 丰富空间层次

由三大界面围合的空间为一次空间。利用家具、材质、灯光、绿化、陈设等重新规划的可变空间称为二次空间。二次空间的装饰不仅能使一次空间的使用功能更趋合理，更符合“以人为本”的设计理念，也能使空间更富有层次感，如图 1-5-20 所示。

5. 强化视觉焦点

色彩是视觉的第一识别点，利用色彩在造型的基础上进行视觉中心点的强化，通过色彩对空间的气氛表达、环境渲染可以起到锦上添花和画龙点睛的作用，如图 1-5-21 所示。

图 1-5-18 跳跃的色彩增添了空间的柔美与情趣（GBD 杜文彪设计作品）

图 1-5-19 挂画、陈设、地毯的统一色彩形成了视觉延伸线（上海元柏建筑设计事务所设计作品）

图 1-5-20 利用家具进行空间的二次划分（梁景华设计作品）

图 1-5-21 具有视觉冲击力的红色形成了空间的视觉焦点（GBD 杜文彪设计作品）

三、室内软装设计原则

1. 功能原则

居住空间设计中无论是硬装还是软装首先要遵循的原则就是功能性原则，在硬装满足了基本的功能要求之后，就要利用软装力求空间舒适实用。创造出一个实用、舒适的空间是软装设计的根本目的，其次才是要满足人们的审美要求，如图 1-5-22 所示。

2. 整体与个性原则

软装选择时要从材质、色彩、造型、质感等多方面考虑，要与硬装的风格、形式、色彩、材质等方面形成统一性、协调性，在统一中求变化。另外，也可以依据个人的需求和主观因素（性格、爱好、职业、习性等），进行软装个性化设计。尽管室内布置因人而异，千变万化，但每个居室的布局基调必须相一致，如图 1-5-23 所示。

图 1-5-22　绿化与休闲相结合满足了功能性需求，亦满足了审美需求（千寻软装设计作品）

图 1-5-23　数枝寒梅与空间界面的墙绘相呼应

3. 统一原则

软装设计的色彩可略有对比变化，但要与主风格延续。色彩搭配可以选择一个与硬装色调搭配较好的色彩，哪怕是一个点缀色，其他所有的软装色彩围绕这个色彩展开，或同色、或相近、或对比。如一幅装饰画中有黄色、蓝色，那么布艺、花卉、饰品、地毯等都可以采用相近色调，统一整个空间的软装色彩，如图 1-5-24 所示。

4. 主次原则

软装是为了满足人们的功能需求、精神享受和审美要求，但无论是硬装还是软装都需要主次分明，搭配合理，切忌生硬地堆砌，不分层次，所以，软装设计要做到陈设疏密有致、高低有致、配置合理，如图 1-5-25 所示。

图 1-5-24　软装色彩选择蓝、黄对比色展开（WSD 吴舍软装设计作品）

图 1-5-25　软装设计高低有致，疏密合理（于计设计作品）

四、软装元素应用

1. 软装与色彩

优秀的软装色彩搭配可以从很多途径中得到灵感。例如，可以从自然界中捕捉绝妙的色彩搭配，可以从服饰中寻找往年流行色，可以从艺术品中寻找色彩的最佳组合，可以从手工艺品中寻找色彩的传统配置。只要肯发现、肯观察，色彩无处不在，如图 1-5-26~ 图 1-5-28 所示。

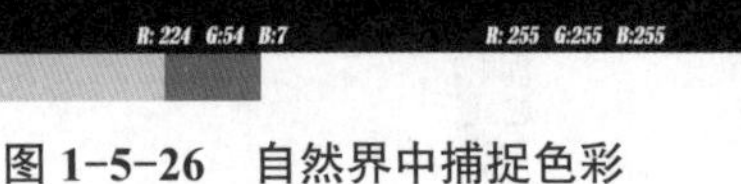

图 1-5-26 自然界中捕捉色彩

图 1-5-27 服饰中寻找流行色

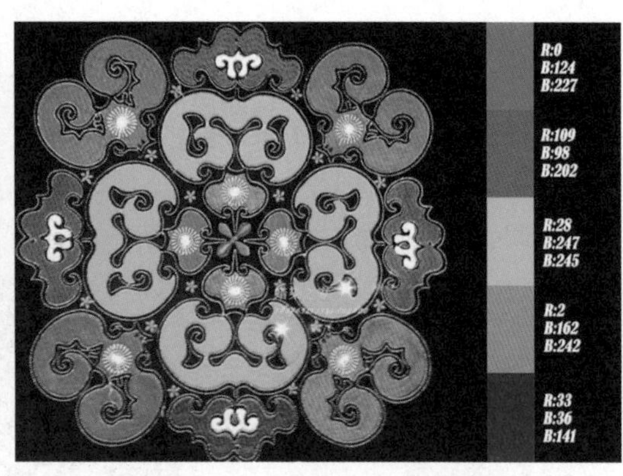

图 1-5-28 传统中寻找色彩

软装设计配色中，要以硬装主色调为基础，从业主的需求、喜好、主题和风格出发。另外，也要考虑到功能性，根据功能要求进行色彩的搭配调整也是至关重要的。例如，餐厅选择可以增加人的食欲的暖色调；书房选择能让人平心静气的冷色调或者低色差颜色。

（1）小空间软装色彩搭配

小空间在色彩搭配上最主要的就是让空间看上去更大，所以清爽、淡雅的颜色就成为主色调的首选，而鲜艳、强烈、对比的色彩会以点缀色形式出现，增加空间的整体情趣；或者可以采用同一色系不同明度的色彩来增加空间层次感，如图 1-5-29 所示。

（2）大空间软装色彩搭配

与小空间相反，大空间在色彩主色调的选择上最主要是让空间看上去温暖、舒适。软装则可以选择强烈、显眼的色彩形成视觉焦点，尽量避免同色的装饰物分散在各个角落，这样会使空间显得更加杂乱无章，如图 1-5-30 所示。

（3）软装色彩搭配次序

空间软装色彩搭配要遵循硬装—家具—灯具—布艺（窗帘、地毯、床品、靠垫）—花艺—陈设的顺序。在复杂的色彩关系中，首先要确定室内空间的主导色调，在主导色调的基础上进行色彩的变化。

图 1-5-29 软装色彩以同一色调不同明度展开，仅用一处对比色调节空间整体情趣

图 1-5-30 明亮的黄色将整个空间的视觉焦点锁定在一处（画年代设计事务所设计作品）

数字资源 1-5-4
室内软装提案中的色彩分析

课外延展

（1）设计误区与解决方法

①红色不宜作为空间主色调，会让眼睛负担过重，也会使空间显得热烈，如图 1-5-31 所示。

解决方法：红色适合用在软装饰品上，如用在布艺、灯具、花卉等陈设上做点缀就可以了，可以活跃空间，也可以表达喜庆、热烈的氛围，如图 1-5-32 所示。

图 1-5-31 红色主色调让空间显得过于热烈

图 1-5-32 红色作为点缀色可以活跃空间气氛

②橙色不宜用来装饰卧室，过于鲜艳、明亮的色彩会影响睡眠质量，如图 1-5-33 所示。

解决方法：将橙色用于卧室软装可以营造温馨、浪漫的氛围；将橙色用于客厅会营造欢快的气氛；将橙色用于餐厅能诱发人的食欲，如图 1-5-34、图 1-5-35 所示。

图 1-5-33 长时间处于橙色主色调环境内影响睡眠

图 1-5-34 橙色作为卧室软装色可以营造温馨气氛

图 1-5-35 橙色作为餐厅软装色可以诱发人的食欲

（2）营造技巧

①现代风格软装主题色彩。现代风格软装多数以红色、橙色、绿色、黄色、蓝色等纯色作为主题色彩，或采用对比色，形成鲜明对比，调和空间冷漠、单调感，如图 1-5-36 所示。

②古典中式风格软装主题色彩。古典中式风格软装主题色彩多以黑色、青色、红色、紫色、金色、蓝色等明度高的色彩为主，其中寓意吉祥、雍容华贵的红色最具代表性，如图 1-5-37 所示。

③新中式风格软装主题色彩。新中式风格软装主题色彩多以深色家具为主进行布置，搭配白色、灰白色、暖灰色、咖啡色等禅风色系，表达中国传统的韵味，如图 1-5-38 所示。

图 1-5-36 白色、灰色为主色调，蓝色为软装色让空间清新、宁静

图 1-5-37 中国红、高贵紫给中国传统风格增添了高贵的气息

图 1-5-38 深色家具搭配灰白、咖啡软装色，让设计的传统意境展现

图 1-5-39 蓝色与黄色强对比营造了强烈的视觉冲击力（宁洁设计作品）

④混搭风格软装主题色彩。混搭风格软装主题色彩虽然可以个性鲜明，但前提依然是和谐。该风格的常用配色手法就是对比色，用反差大的色彩营造视觉冲击力。例如，窗帘是蓝色，那么地毯、床品、陈设的颜色最好是黄色、白色等与之相配的颜色，如图 1-5-39 所示。

2. 软装与家具

家具是软装设计的重要组成部分，因为它承担了最大部分的使用功能，也是构成空间环境的一个关键因素，是营造氛围的主要角色。

（1）家具的布置原则

①风格统一。在考虑到设计的整体风格的基础上，要求家具的造型、色彩、材质等要与整体风格保持一致，让整个设计协调统一。除此之外，家具也要与其他软装元素保持风格统一，如图 1-5-40 所示。

②位置合理。家具的布置一定要考虑到人的需求、室内流线以及功能性，位置要方便人的使用。例如，床头需要摆放床头柜，满足人们放置物品、台灯的需求，如图 1-5-41 所示；书房要摆放书架，满足人们藏书的需求。家具布置动线分明，日常生活才不会磕磕碰碰。

③色彩协调。家具要与室内装饰主色调保持协调统一，家具的色彩不宜过多，否则会给人带来零乱感。空间的主色调如果是浅色调，那么家具颜色的选择也要首先考虑同色系，或选择明快、淡雅的色彩，来保证空间的整体性，如图 1-5-42 所示。

④体量有度。家具的体量有大有小，如何选择要以空间的大小为基本依据。为了有效地利用空间，小空间应选择小尺度、多功能、可变性较强的家具，如图 1-5-43 所示；大空间应选择大尺度、厚重的家具。

图 1-5-40 华贵的家具迎合了欧式风格的特点（SCD 墅创国际设计机构设计作品）

图 1-5-41 床头柜的摆放满足了人们的日常生活需求

图 1-5-42 米色布艺沙发、原木家具与整个空间色调相协调（WEI 建筑设计作品）

图 1-5-43 24 m^2 的小户型家具以小巧、精致、多功能为主要特点

（2）各功能空间家具的选用

家具的实用性最重要，各功能空间家具的选择直接决定人们的生活质量，也会在很大程度上限制人们的生活方式。

①玄关。玄关是人进出家门的必经空间，需要具有承载进出家门的人换鞋、更衣、整理妆容的功能。这也在一定程度上给出了玄关家具选择的依据。玄关柜、边桌、玄关桌、斗柜、玄关凳和玄关镜是玄关家具的首选，如图 1-5-44、图 1-5-45 所示。

②客厅。客厅家具中沙发是必不可少的，茶几、休闲椅、贵妃椅、电视柜等也需要配套设置。如果客厅要兼具书房功能，那么需要增加书椅、书桌等具有阅读功能的家具，如图 1-5-46、图 1-5-47 所示。

③餐厅。餐厅家具中餐桌、餐椅是无可争议的主角，如果需要储物，餐边柜要依据空间的形式和需求选择是封闭式、开敞式抑或是隔板式，如图 1-5-48~ 图 1-5-50 所示。

④厨房。厨房中家具的主角必然是厨柜，地柜、吊柜、置物架，都是常用的厨房家具，如图 1-5-51、图 1-5-52 所示。

⑤卧室。卧室家具要以满足睡眠功能为主，床是无可争议的主角，而床头柜、衣柜、梳妆台、梳妆椅、休闲沙发、茶几等家具则要根据卧室空间的大小、业主的需求来布置，如图 1-5-53、图 1-5-54 所示。

图 1-5-44　整体玄关柜、玄关凳实用性较强

图 1-5-45　玄关桌装饰性较强（白文玉景设计作品）

图 1-5-46　多功能客厅家具种类多样（宁波柒合空间设计有限公司设计作品）

图 1-5-47　功能单一的客厅家具（海航设计作品）

图 1-5-48　封闭与开敞结合的餐边柜（海航设计作品）

图 1-5-49　隔板式餐边柜（思维空间设计团队设计作品）

图 1-5-50 无餐边柜（宁波柒合空间设计有限公司设计作品）

图 1-5-51 地柜、吊顶整体厨柜（木桃盒子设计作品）

图 1-5-52 受空间及窗户位置影响仅有地柜

图 1-5-53 床、衣柜、化妆台组成的卧室空间

图 1-5-54 卧室兼具办公功能，家具也增加了工作台、工作椅

⑥书房。书房是工作学习的地方，所以家具的选择一定是从书桌入手，书柜、电脑椅、会客椅等也是必不可少的书房家具，如图 1-5-55、图 1-5-56 所示。

图 1-5-55 具有会谈功能的书房（谢芳勇设计作品）

图 1-5-56 可供多人工作的书房家具（周留成设计作品）

课外延展

（1）设计误区与解决方法

①沙发摆放背后无靠。“靠”即倚靠，是指沙发背后要有实墙可靠，保证无后顾之忧。如果沙发背后是落地窗、门、通道或因为空间布局的问题使沙发没有实墙可靠，会让人感觉背后空荡荡，产生不安全感，如图 1-5-57 所示。

解决方法：沙发背靠实墙或利用矮柜或屏风来补救，如图 1-5-58、图 1-5-59 所示。

②沙发正对大门。若沙发正对大门，气流就会直接吹到人身上，而且也缺少私密性，如图 1-5-60 所示。

解决方法：最好是把沙发移开，如果无法移开，那就要在沙发和大门之间做一个屏障或放一些绿色植物，如图 1-5-61 所示。

图 1-5-57　沙发背靠窗户缺乏安全感

图 1-5-58　沙发背靠实墙安全感最好

图 1-5-59　沙发背靠屏风增强安全感

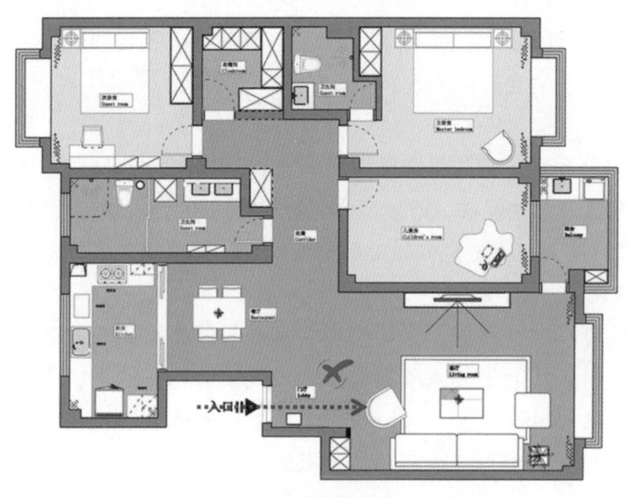

图 1-5-60　沙发正对大门缺少私密性

图 1-5-61　玄关柜形成屏障阻碍视线

（2）营造技巧

①沙发布置有讲究。长方形客厅最好选择“三人沙发＋单人扶手沙发”的组合方式；面积大的客厅最好选择厚重一些的沙发对称摆放，搭配两个同类型的脚凳，这样显得大气；中等面积的客厅则最好选择普通沙发错落摆放，如图 1-5-62 所示。

②茶几摆放法则。如果客厅比较窄，空间不充裕，可以把茶几放在沙发旁边。长方形的客厅，在沙发两旁摆放茶几，会使空间感觉比较饱满。茶几的高度要适宜。沙发是主体应略高，茶几是配角宜略矮，茶几面以略高于沙发的坐垫为宜，最高不要超过沙发扶手，如图 1-5-63 所示。

③床的摆放位置。床的摆放关键是要让人可以看到卧室的门、窗，并且能充分享受到室外的空间和阳光。床头不宜靠窗，容易让人缺乏安全感，床头宜靠实墙，避免留空，如图 1-5-64 所示。

图 1-5-62　沙发摆放错落有致

图 1-5-63　茶几摆放符合高度法则

图 1-5-64　床头靠墙可以看到门、窗

3. 软装与灯具

有人认为灯具仅仅是照明，无须设计，这是错误的，各类型的灯具所产生的装饰效果、灯光效果以及投影效果是不可替代的，也是多变的。想为居室换个色调很难，但是换个灯泡或灯罩却不难。

（1）灯具的选择原则

①观赏原则。灯具由于所处的位置相对特殊，在视觉上毫无遮挡，所以选择的首要原则就是观赏原则，要求根据室内装饰风格选择材质优质、造型别致、色彩丰富的，这样不仅可以成为视觉上最为直观的亮点，同时，营造出来的灯光效果也可以丰富空间层次。

②风格统一原则。灯具的风格多种多样，其选择要求与整体设计风格相统一，不能格格不入，室内风格如果是中式，那么灯具就不可以选择现代风格，选择具有传统韵味的木质灯具才是最好的选择。

③个性化原则。每个人都是独立的个体，其性格、需求、年龄、职业、素养也大不相同，这就导致对灯具的造型、材质等选择也完全不同，应符合自己的个性。

（2）各功能空间灯具的选择

①客厅。客厅面积在 15 m^2 左右，可以选择吊顶。但如果客厅面积小于 15 m^2，或层高比较低的客厅，最好选择吸顶灯。由于客厅空间一般都具有多功能性，所以还会配备一些辅助灯源，如在沙发边放置一盏落地灯、在茶几上放置一盏台灯、在天花设置定向轨道射灯或筒灯，可以满足人们对视听、闲谈、阅读等方面的需求，如图 1-5-65 所示。

②卧室。卧室适合吸顶灯与床头灯两种灯具结合布置，如果按业主喜好与风格需要想在卧室安装吊顶，那一定要选择精致小巧的小型吊灯，而且要注意安装位置，不要安装在床的正中心，建议安装在两个床尾角线的正中位置，如图 1-5-66 所示。可以在床头柜上或墙壁上设置台灯或壁灯，调节卧室气氛，也能满足主人的阅读需求。也可在天花四周安装嵌入式筒灯，营造温馨浪漫的氛围。

③餐厅。餐厅灯多采用可调节高度的吊灯，风格要与整体风格相同。餐厅灯的高度要适当，不能遮挡视线，也不能吊得太高，灯罩下沿距桌面 55~60 cm 为宜，如图 1-5-67 所示。在满足照明的基础上，也要注重就餐氛围的营造。

④书房。书房如果空间较大，主灯源可以选择精致的小吊灯；空间如果较小，就要选择吸顶灯。工作台上的工作灯具，选择可以调节高度和方向的台灯，如图 1-5-68 所示。

⑤卫浴间。卫浴间灯具首选就是 LED 集成吊顶灯，可以与集成吊顶形成一体。另外，要安装镜前灯，可以方便人的洗漱，或可以将筒灯、射灯安装在镜子与人脸之间的吊顶位置，如图 1-5-69 所示。

⑥厨房。厨房灯具也要首选 LED 集成吊顶灯，如图 1-5-70 所示。

图 1-5-65 客厅灯具的组合应用（贵州如隐设计作品）

图 1-5-66 卧室灯具的组合应用（一米家居设计作品）

图 1-5-67 餐厅灯具的组合应用

图 1-5-68　书房灯具的组合应用

图 1-5-69　卫浴间灯具的组合应用（禄本设计作品）

图 1-5-70　厨房灯具的组合应用（贵州如隐设计作品）

课外延展

（1）设计误区与解决方法

餐灯并排直行排列，会给人视觉上的平淡感，对于用来丰富空间所产生的光影效果也相对减弱，如图 1-5-71 所示。

解决方法：餐灯错落排列，或高低错落，或左右、前后错落，可以改变空间的平淡与单调感，增强空间的活跃氛围，增进人的食欲，如图 1-5-72 所示。

（2）营造技巧

灯饰与家具的结合可遵循以下原则（图 1-5-73）：

①家具风格与灯具风格相统一，营造和谐空间。

②灯具造型与家具造型的个性化一致。

③多种光源，营造适当的空间氛围。

④灯具色彩要与家具色彩相一致。

⑤“以人为本”，满足人的生活需求。如图 1-5-73 所示。

图 1-5-71　餐灯直线排列，平淡、缺乏情趣

图 1-5-72　餐灯错落有致排列营造活跃氛围（叁尺空间设计作品）

图 1-5-73　灯具与家具在造型、风格、色彩上完美结合（宁洁设计作品）

4. 软装与布艺

布艺比其他软装手法更宜产生效果，只需增加一个靠垫、变换一件床品，居室空间就会立即变成另外一种风格和氛围。

（1）布艺的设计原则

居住空间内的布艺种类繁多，如果想要利用布艺营造优美的空间效果，设计时就一定要遵循一定的原则。布艺应用一定要恰到好处，不要让空间显得零乱。可以将布艺的设计原则总结为色彩要统一、尺寸要准确、面料要和谐、元素要协调。

①色彩要统一。布艺的色彩要以空间的色彩基调为依据，最基本的原则是：窗帘参照家具、地毯参照窗帘、床品参照地毯、陈设品参照床品，让室内所有的软装元素形成一条明显的色彩线。

②尺寸要准确。布艺饰品的面积、长短、图案大小等要与整个空间、单个界面或者单体家具的尺寸相匹配。例如，图案的选择，小空间布艺适合细小的图案，大空间布艺则适合尺度较大的图案。

③面料要和谐。布艺的面料选择要与空间使用功能相匹配，各空间布艺要尽可能选择相同或相近的面料，避免布艺杂乱无章。

④元素要协调。布艺的整体风格、元素、图案选择要与设计的整体风格和使用功能相搭配。另外，布艺的色彩、视觉效果也要与其他软装元素相呼应，而不能单一存在，要让室内空间中的所有元素形成和谐统一的整体。

（2）布艺的运用

①靠垫。靠垫是最常用、最普遍的软装布艺之一，在居住空间中无处不在，可以放在沙发上改变舒适度，可以放在地上临时增加座位，可以放在床上当枕头，无论在何处使用，靠垫都可以使家具的实用性更强。靠垫的数量要适当，不要太多。图案、色彩要依据整体风格来选择，以此来活跃气氛。不同造型、色彩、图案的靠垫在室内起到的点缀效果不同，比如，单一色彩显得庄重，带图案的显得生动活泼，如图 1-5-74、图 1-5-75 所示。

②窗帘。窗帘的选择需要依据各功能空间对光线的需求，以及整体风格来决定，窗帘色彩、材料、质地、图案、款式等须与界面、家具、其他软装饰品相协调。例如，质感不同，但图案相对统一；图案不同，但颜色统一；图案和颜色都不同，但质地统一。现代风格可以选择素色窗帘，如图 1-5-76 所示；田园风格可选择碎花、方格窗帘；欧式风格可以选择大花窗帘或带窗幔的素色窗帘，如图 1-5-77 所示。

图 1-5-74　方形靠垫以沉稳的色彩使空间庄重（超级平常室内设计事务所设计作品）

图 1-5-75　方形靠垫色彩艳丽营造灵动的空间氛围（禄本设计作品）

图 1-5-76　现代风格的素色窗帘简约时尚（余微设计作品）

图 1-5-77　欧式风格窗幔、素色窗帘高贵典雅（王伟设计作品）

③床品。床品在卧室的空间营造上有着不可替代的作用。床品的选择一定要遵循整体风格，不能独立存在，要与地毯、窗帘相协调，颜色不要太花哨。界面为浅色，床品的色彩最好选择深色或鲜艳的颜色，如图 1-5-78 所示；光线暗的卧室要选择浅色的床品，如图 1-5-79 所示。图案的选择一定要参考空间、床体的大小。

④地毯。地毯不仅可以利用鲜艳的色彩、多样的图案、柔软的触感对空间起到画龙点睛的作用，调节、活跃空间气氛，形成空间视觉焦点，而且也有着很强的实用功能，可以防滑、让人席地而坐。

采光较好、面积较大的空间，最好选择偏冷色调的地毯，让人感官舒适。采光较差的空间，可以选择偏暖色调的地毯，增强空间的温度感。而地毯的图案也千变万化，一定要依据功能、风格进行选择，如图 1-5-80~ 图 1-5-82 所示。除了注重地毯的色调、图案的选择以外，还要注意地毯铺设的位置。

a. 在客厅的沙发、茶几或休闲区铺一块地毯，可以形成隐形的空间分隔，活跃空间气氛。

b. 在餐桌下铺一块地毯，可以强化就餐区域与客厅空间的划分，也可以营造温馨的就餐氛围。

c. 在床前铺一块地毯，可以装饰空间，起到拉伸空间的作用。

d. 在儿童房铺一块地毯，可以方便孩子玩耍。

e. 在书桌椅下铺一块地毯，可以增添书香气息。

图 1-5-78　浅色主调的卧室空间、深色纯棉床品朴素、淡雅（寓子设计作品）

图 1-5-79　暗色主调的卧室空间、浅色纯棉床品庄重沉稳（邱春瑞设计作品）

图 1-5-80　鲜艳色彩和几何图案体现时尚的空间氛围（张肖、周书砚、张蓓设计作品）

图 1-5-81　可爱的图案、粉红色是儿童房的焦点所在，营造了浪漫的公主气息（余微设计作品）

图 1-5-82　不同材质的地毯营造了儿童空间的不同风格（余微设计作品）

课外延展

（1）设计误区与解决方法

靠垫的色彩单一无变化，空间相对单调、平淡，没有起到活跃空间的作用，如图 1-5-83 所示。

解决方法：靠垫色彩可以提炼家具、界面、其他软装要素的某一色彩形成视觉延续线，让整个空间协调统一，如图 1-5-84 所示。

（2）营造技巧

①窗帘设计的基本步骤：确认窗户类型，确定窗帘组成及款式风格；根据不同窗户形状和功能，选配适当款式的窗帘；根据空间风格定位，确定窗帘设计风格。

②竖纹窗帘可以让房间变得"高挑"，如图 1-5-85 所示。层高不够或者吊顶过低都会给人带来压迫感，竖纹图案窗帘，简单明快，能够减少这种压抑感，拉长视觉上的空间比例。另外想要房间变得"高挑"，尽量不要做帘头。

③浅色窗帘可以使房间变得"宽敞"，如图 1-5-86 所示。底层和朝向不好的房间、光线昏暗的房间，选择窗帘时，要以浅色为主，如果有图案，应小巧。建议采用有光泽的窗帘，还可以选择纱帘等透光面料的。

图 1-5-83 靠垫色彩单一，使空间氛围平淡

图 1-5-84 靠垫色彩与界面、家具色彩形成了延续，活跃了氛围

图 1-5-85 竖纹窗帘让空间变得"高挑"

图 1-5-86 浅色窗帘使房间变得"宽敞"（华鼎建筑空间设计作品）

5. 软装与陈设品

陈设品在居住空间设计中是极其重要的，因其具有可变性、更替性、多变性，可以满足不同风格的空间设计要求。

（1）陈设品的选择

①功能性。依据各功能空间的需求进行选择，例如，书籍要摆在书房里或客厅里，而不能摆放

在餐厅里，否则会显得格格不入。

②尺度大小。选择陈设品时，要考虑到空间面积，这样才能选择合适的陈设品，营造恰当的空间比例。空间较大时，陈设品的体积可以相对大一些，给人大方、舒适的感觉。空间较小时，陈设品则要选择小巧精致的，这样不会让空间变得拥挤。

③摆放位置。陈设品尺度的大小决定了摆放的位置，摆放位置适当则会产生以点带面的装饰效果。尺度较大的雕塑、陶瓷等陈设品可以摆放在地面上，尺度较小的花瓶、花卉适合摆放在桌面上。而墙面装饰则要注意人的视点高度约在 150 cm 以上，人的眼睛与陈设品距离应以不少于 70 cm 为宜。

（2）陈设品的应用

①墙面装饰。墙面装饰种类丰富、多样，书画、浮雕、挂毯、照片等都可以作为墙面陈设品。在布置时，首先要考虑的就是摆放的位置、数量、形式问题。墙面装饰中以挂画（照片墙）最为普遍，也是最具有灵活性的装饰，可以为空间增添色彩和故事，可以随时更换、更新，如图 1-5-87 所示。

除了常见的挂画和照片的墙面装饰，越来越多的特殊材质和个性十足的创意摆件受到人们的喜爱，只要符合自己的喜好，并且没有与设计风格格格不入，都可以作为墙面装饰。以下是几种常见的墙面挂饰。

a. 镜子。镜子不仅可以帮助人正衣冠，也可以作为墙面装饰，可以在开阔空间的同时，营造出一种多层次的视觉效果。但切记如果镜子前有装饰品，装饰品要小于镜子，也不要完全居中，方有意境，但不适用于小空间（图 1-5-88）。

b. 盘子。盘子是常见的器皿，家家必备，用盘子装饰墙面，个性又经济，也可以依据自己的喜好进行二次创作。可以直接将盘子摆在有防滑槽的搁板上，或者使用专业的挂钩，或者直接用钉子固定，如图 1-5-89 所示。

c. 墙面搁板。墙面搁板不仅可增加收纳空间，也因为线条比较丰富，上面可以摆放书籍、相框、花卉等装饰物，起到很好的装饰作用。搁板形式多种多样，例如，高低错落、长短不一、V 字形等。大面积墙面，搁板可以安排三排以上；小面积墙面，单排或双排搁板就足够了，如图 1-5-90 所示。

d. 墙面装饰柜。将墙面做成装饰柜是最实用的墙面装饰方法，可以增加储物空间，也可以让界面有形式美的装饰性，但体积要随空间、墙面大小来决定，如图 1-5-91、图 1-5-92 所示。

②地面装饰。体积相对较大的陈设品要放置于地面之上，这就意味着这种装饰不适用于小空间。地面装饰除了可以起到装饰作用以外，还可以有效地组织空间、划分空间，起到潜在的功能性作用。例如，一盏落地灯，可以划分一个小小的阅读空间。常见的地面装饰有落地灯、座钟、瓷器、雕塑等，如图 1-5-93、图 1-5-94 所示。

图 1-5-87　深浅色形成鲜明对比（H&Z SPACE 逅筑空间设计作品）

图 1-5-88　墙面镜子装饰开阔了空间

图 1-5-89 餐厅空间盘子墙面装饰营造就餐氛围（侯贵云设计作品）

图 1-5-90 卧室兼具书房功能，搁板可以提供收纳空间让墙面更加立体（丰越设计作品）

图 1-5-91 白色装饰柜美观实用（叁尺空间设计作品）

图 1-5-92 装饰柜增加了储物空间（凡品空间设计李东升设计作品）

图 1-5-93 落地灯营造的阅读空间（兆石设计作品）

图 1-5-94 大型花瓶形成了视觉焦点（侯运华设计作品）

③桌面装饰。桌面装饰的载体相对广泛，茶几、餐桌、书桌等。所摆放的陈设品也种类繁多，茶具、花卉、书籍、陶艺、灯饰等。

a. 花瓶。花瓶种类繁多、风格多样，是家居空间中必不可少的装饰元素。花瓶的选择也要依据整体风格而定，中式风格可以选择陶瓷花瓶来增添空间的传统韵味，现代风格可以选择玻璃花瓶来增添灵动的气息，如图 1-5-95、图 1-5-96 所示。

图 1-5-95　玻璃花瓶给空间带来了灵动性

图 1-5-96　陶瓷花瓶给空间带来了传统韵味（菲拉设计作品）

b. 茶具。如今，越来越多的人喜欢通过品茶来享受片刻的宁静，远离城市的喧嚣，而一套漂亮的陶艺茶具可以让人从中得到精神抚慰，如图 1-5-97、图 1-5-98 所示。

c. 小摆设。室内小摆设繁杂多样，特色木雕、装饰相框、日常用品、玻璃杯甚至是酒瓶、玩具、抱枕等都可以是一道亮丽的风景，能为居家环境增添几分生气，如图 1-5-99~ 图 1-5-101 所示。

图 1-5-97　素雅的茶具干净、恬淡（PPD 深点设计作品）

图 1-5-98　富丽色彩的茶具高贵、大气（禾谷空间设计作品）

图 1-5-99　个性的摆设营造浓浓的异国风格（于计设计作品）

图 1-5-100　中国传统纹样的摆设营造禅意空间（王坤设计作品）

图 1-5-101　可爱的小摆件让空间充满儿童的童真（于计设计作品）

课外延展

（1）设计误区与解决方法

沙发背后装饰画过大、与沙发同宽，给人头重脚轻的感觉，发图 1-5-102 所示。

解决方法：在选择装饰画时要考虑装饰画与家具的比例关系，沙发上方的装饰画不宜过大。另外，装饰画的宽度最好略窄于沙发宽度，才能避免头重脚轻，如图 1-5-103 所示。

图 1-5-102　挂画过大，宽度等同于沙发

图 1-5-103　挂画略小，宽度略窄于沙发

（2）营造技巧

挂画技巧如图 1-5-104 所示。

①错落组合式挂法。打破常规，改变整齐排列方式，以不凌乱为原则，发挥想象力，以大小不一、错落有致的组合排列方式达到视觉上的平衡，增加趣味性和活力。

②重复挂法。重复悬挂同一尺寸的装饰画，画间距最好不超过画的 1/5，使整体装饰不分散。重复组合能构成强烈的视觉冲击力，给空间一种稳定感，增加墙面主题性，但层高不足的房间不适合。

③对称挂法。简单易操作，图片最好是同一色调或同一系列的，才能达到最好的视觉效果。

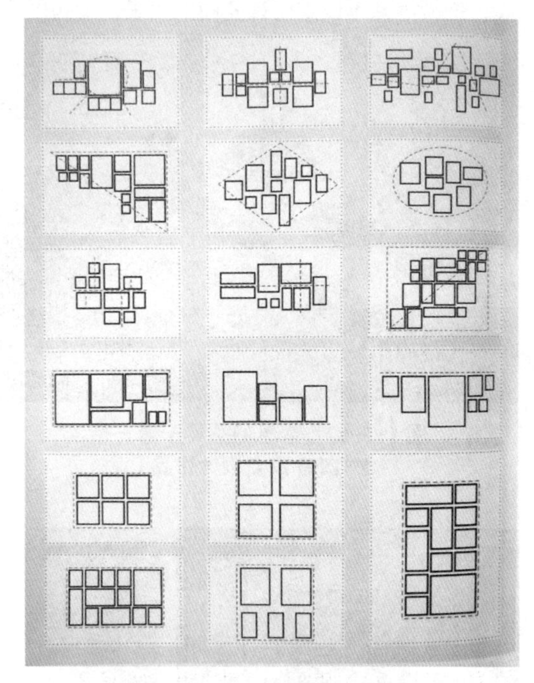

图 1-5-104　挂画技巧参考

6. 软装与绿化

苏东坡曾说："宁可食无肉，不可居无竹。"绿化植物作为居住空间软装设计的重要元素，在组织、装饰、美化居室上起着重要的作用。

（1）绿化植物选择及布置原则

①根据面积进行布置。大空间应选择体积较大的绿化植物，这样才能与空间大小比例协调，给人视觉平衡感。小空间则应选择小型植物，如盆栽、花卉、盆景。

②根据风格、主题及色调进行布置。在进行绿化布置时要考虑到室内设计的总体风格、主题及主色调等。例如，欧式风格，绿化布置要讲究对称，选择的绿化植物的色彩要鲜艳、华丽。

③根据功能进行布置。每个功能空间的使用功能不同，所以在绿化植物的选择及布置上也大有不同。例如，卧室的功能是睡眠与休息，绿化植物则需要选择观赏性强、香味淡雅、无毒无害的，

布置上则无须过多。

④根据绿化植物习性进行布置。阳性植物要布置在朝阳的房间；半阴性植物则布置在阳光不能直射的地方，但也需要保证弱光的照射；阴性植物布置在北向房间。此外，植物适宜放入室内，或有毒不适宜放入室内，在布置时都需要予以考虑。

⑤根据使用者喜好进行布置。不同的使用者，其文化、生活习惯、喜好等方面有着明显的不同，在进行绿化布置时要考虑此因素。

（2）功能空间绿化应用

①客厅与餐厅。如果客厅的面积较大，其窗边、沙发边、墙角、柜旁，植物的选择以宽叶为最好，植株也适宜高一些，用来柔化空间，增添空间情趣，如龟背竹、橡皮树、棕竹、鹅掌柴、万年青、蜡梅等。茶几、桌面上的植物要选择低矮一些的；搁板、隔断上，则可以选择特色小盆栽，或者选择吊盆植物，如图 1-5-105、图 1-5-106 所示。

②卧室与书房。卧室与书房都是私密性较强的空间。卧室的主要功能是睡眠与休息，空间也相对有限，所以应选择以小型、中型观叶植物为主，以观花植物为辅，摆放在窗台、化妆台上，缓解疲劳，活跃空间气氛。

书房的案头摆放水生植物或小型绿色植物，可以让人感到活力与生机，也可以让人适当地缓解疲劳。书房不宜摆放艳丽的花卉，会分散人的注意力，如图 1-5-107、图 1-5-108 所示。

③厨房与卫浴间。厨房一般位于阴面，阳光少、油烟大、空间小，浴室的湿度和温度都比较高，所以两个空间都适合摆放喜阴、喜湿、生命力强的植物，如铁线蕨、常春藤、黄金葛或水养植物等，如图 1-5-109、图 1-5-110 所示。

图 1-5-105　浅色客厅植物布置错落有致（思维空间设计团队设计作品）

图 1-5-106　绿化向竖向空间发展，丰富空间层次（澄穆空间设计作品）

图 1-5-107　卧室绿化以小型观叶植物为主（曾建豪建筑师事务所设计作品）

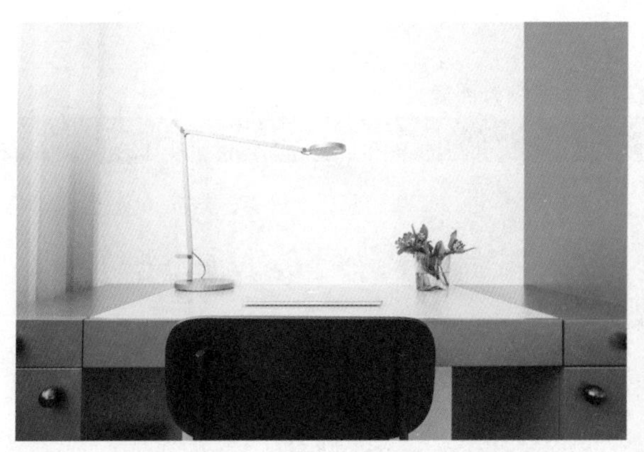

图 1-5-108　书桌上的小型水养植物（Ace of 空间设计作品）

图 1-5-109　厨房选择常绿植物活跃空间（曾建豪建筑师事务所设计作品）

图 1-5-110　卫浴间绿化使空间更具生命力（This is IT 设计作品）

课外延展

（1）居室绿化“三宜”（图 1-5-111）

①宜养吸毒能力强的花卉。花卉能吸收空气中一定浓度的有毒气体，如二氧化硫、二氧化碳、氮氧化物、氟化氢、甲醛、氯化氢等。

②宜养能分泌杀菌素的花卉。

③宜养有互补功能的花卉。大多数花卉白天进行光合作用，吸收二氧化碳，释放出氧气。夜间进行呼吸作用，吸收氧气，释放二氧化碳。仙人掌类则恰好相反，白天释放二氧化碳，夜间则吸收二氧化碳，释放氧气。

（2）居室绿化“三忌”（图 1-5-112）

①忌多养散发浓烈香味和刺激性气味的花卉。一盆在室，芳香四溢，但不宜过多，香味过浓则会促使人的神经产生兴奋感，特别是在卧室会引起人失眠，又或者会引起人过敏。

②忌摆放数量过多。夜间大多数花卉会释放二氧化碳，吸收氧气，与人“争气”。而夜间居室大多封闭，空气与外界不够流通。如果摆放过多，会减少夜间室内氧气浓度，影响夜间睡眠的质量。

③忌室内摆放有毒性的花卉。

图 1-5-111　居室绿化营造（彭文煦、陈明慧设计作品）

图 1-5-112　居室绿化营造（合肥 1890 设计作品）

五、专业拓展

有益与有害植物参照表（表 1-5-3）。

表 1-5-3　有益与有害植物参照表

分类	功能	具体表现	植物种类
有害	毒性	汁液有毒，对皮肤有强烈的刺激性。如误咬，会刺激口腔黏膜引起咽喉水肿	滴水观音、万年青、绿萝、龟背竹
	不适气味	香味浓烈，气味不适，对人体不利	状元红、五色梅（头晕花）、兰花、玫瑰、月季、百合花、夜来香、圣诞花、万年青、郁金香、洋绣球
	刺激性	分泌脂类物质，散发较浓的松香油味，引起食欲下降、恶心	玉丁香、指骨木等松柏类植物
	毒性（隐含）	虽然有毒，但毒素不会自行释放，要放在小孩子接触不到的地方，误食会引起呕吐、过敏等症状	含羞草、一品红、夹竹桃、黄杜鹃、水仙花

续表

分类	功能	具体表现	植物种类
有益	净化空气	强于其他植物的净化能力，宽大的叶面能有效吸收空气中的甲醛、苯乙烯、尼古丁和二氧化碳等有害气体	吊兰、白掌、银皇后、鸭脚木、龟背竹、蜡梅、金鱼草、美人蕉、牵牛花、唐菖蒲、石竹、紫茉莉、菊花、虎耳草、虎尾兰、仙人掌
	驱虫杀菌	具有特殊的气味，对人无害，而蚊子、蟑螂、苍蝇等害虫闻到就会避而远之	薄荷、薰衣草、除虫菊、万寿菊、茉莉
	分泌杀菌素杀菌	一些花卉分泌出来的杀菌素能够杀死空气中的某些细菌，抑制白喉、结核、痢疾病原体和伤寒病菌	茉莉、丁香、金银花、牵牛花
	天然香料	香味和鲜花不一样，却独具魅力，自己做菜的时候还可以摘几片放进去，是天然食材	紫苏、薄荷、罗勒、香菜、迷迭香、芹菜
	可以当药	可以养生保健	桑叶明目；凤仙花敛血，治疗指甲边开裂； 金银花、荷花、蛇舌清热解毒

任务六 设计表达

一、计算机效果图制作

用计算机制作的效果图可以相对真实地展现设计效果，空间透视准确、空间尺度精准，包括室内界面的尺度，装饰构造的尺度，家具陈设的尺度以及家具、设备、陈设、绿化与人之间的比例关系等。还可以真实地表现材料的质感、色彩，尽可能真实地表现光与影的美感，完美展现空间的真实场景，如图 1-6-1~ 图 1-6-15 所示。

二、设计说明

设计说明作为设计者表达思想、阐述观点、介绍方案的重要文字，是对方案中的图形文件所作的必要补充与解读，是设计方案的文字表现部分。

设计说明的内容包括：设计理念、设计元素、风格定位、审美取向、技术体现、设计特点、亮点展示等多个层面。

图 1-6-1 客厅效果图——沙发背景墙（大连寰宇设计工作室设计作品）

图 1-6-2 客厅效果图——电视背景墙（大连寰宇设计工作室设计作品）

图 1-6-3 餐厅效果图（一）（大连寰宇设计工作室设计作品）

图 1-6-4 餐厅效果图（二）（大连寰宇设计工作室设计作品）

图 1-6-5 餐厅效果图（三）（大连寰宇设计工作室设计作品）

图 1-6-6 厨房效果图（大连寰宇设计工作室设计作品）

图 1-6-7 卧室效果图（大连寰宇设计工作室设计作品）

图 1-6-8 衣帽间效果图（大连寰宇设计工作室设计作品）

图 1-6-9 玄关效果图（大连寰宇设计工作室设计作品）

图 1-6-10 走廊效果图（一）（大连寰宇设计工作室设计作品）

图 1-6-11 走廊效果图（二）（大连寰宇设计工作室设计作品）

图 1-6-12 主卫效果图（大连寰宇设计工作室设计作品）

图1-6-13 全景效果图(一)(大连寰宇设计工作室设计作品)

图1-6-14　全景效果图(二)(大连寰宇设计工作室设计作品)

图1-6-15　全景效果图(三)(大连寰宇设计工作室设计作品)

注意：设计说明要简洁明了，文字不要过于官方，也不宜过长，以不超过500字为宜。

三、展板制作

展板是将整个设计方案中的所有设计成果，包括效果图、施工图、分析图、设计说明等，在一个特定幅面，通过版面设计进行全面的展示，如图1-6-16所示。

图1-6-16　设计成果展示（大连寰宇设计工作室设计作品）

四、汇报演示文稿制作

汇报演示文稿（PPT文件）制作必须在以上工作全部完成的基础上进行，包括硬装设计、软装设计、概念整理等各方面。汇报的内容主要包括：项目策划、设计表现、设计总结三大部分。

第一部分为项目策划部分，包含项目接洽、设计调查、项目测量、空间规划与布置、设计创意、界面设计、软装设计等几大环节。

第二部分为设计表现部分，包含设计说明、施工图、效果图、软装提案、展示版面等。

第三部分为总结部分。

五、课外拓展

3ds Max 软件常用快捷键一览表（表 1-6-1）。

表 1-6-1 3ds Max 软件常用快捷键一览表

类别	命令	快捷键
视图	透视图（Perspective）	P
	前视图（Front）	F
	顶视图（Top）	T
	左视图（Left）	L
	摄像机视图（Camera）	C
	用户视图（User）	U
	底视图（Back）	B
视图控制区	缩放视图	Alt+Z
	最大化显示全部视图	Z
	区域缩放	Ctrl+W
	抓手工具，移动视图	Ctrl+P
	视图旋转	Ctrl+R
	单屏显示当前视图	Alt+W
工具栏	选择工具	Q
	移动工具	W
	旋转工具	E
	缩放工具	R
	角度捕捉	A
	顶点捕捉	S
	按名称选择物体	H
	材质编辑器	M
坐标	显示 / 隐藏坐标	X
	缩小或扩大坐标	“− +”
其他	“环境与特效”	8
	“光能传递”	9
	隐藏或显示网格	G
	物体移动时以线框形式	0
	“线框” / “光滑 + 高光” 切换	F3
	显示边	F4

数字资源 1-6-1
3DMax 客厅方案制作（上）

数字资源 1-6-2
3DMax 客厅方案制作（下）

数字资源 1-6-3
“三维家”在线效果图制作

数字资源 1-6-4
施工工艺——贴砖（东易日盛家居装饰集团股份有限公司大连分公司周小洲）

数字资源 1-6-5
施工工艺——异形顶（东易日盛家居装饰集团股份有限公司大连分公司周小洲）

数字资源 1-6-6
施工工艺——平顶（东易日盛家居装饰集团股份有限公司大连分公司周小洲）

任务七　实训项目

一、实训题目

普罗旺斯居住空间设计

二、项目面积

178 m^2

三、完成形式

以 3 人为小组共同完成，团队合作。

四、实训目标

①掌握空间布局设计的思路与方法。
②掌握空间划分方法。
③掌握空间概念元素的提炼与展现。
④掌握空间界面的设计方法。
⑤掌握空间色彩的搭配方法。
⑥掌握空间软装的设计方法。
⑦掌握电脑制图软件的制作方法。

五、实训内容

如图 1-7-1 所示，在一个 13 m 宽、 13.7 m 长、2.8 m 高的户型结构里设计一个居住空间。

六、实训要求

①根据提供的平面图进行设计。
②要明确主题，并贯穿整个空间。
③平面规划合理，动线合理。
④空间功能全面。
⑤设计具有独创性，符合年轻人的审美观念。

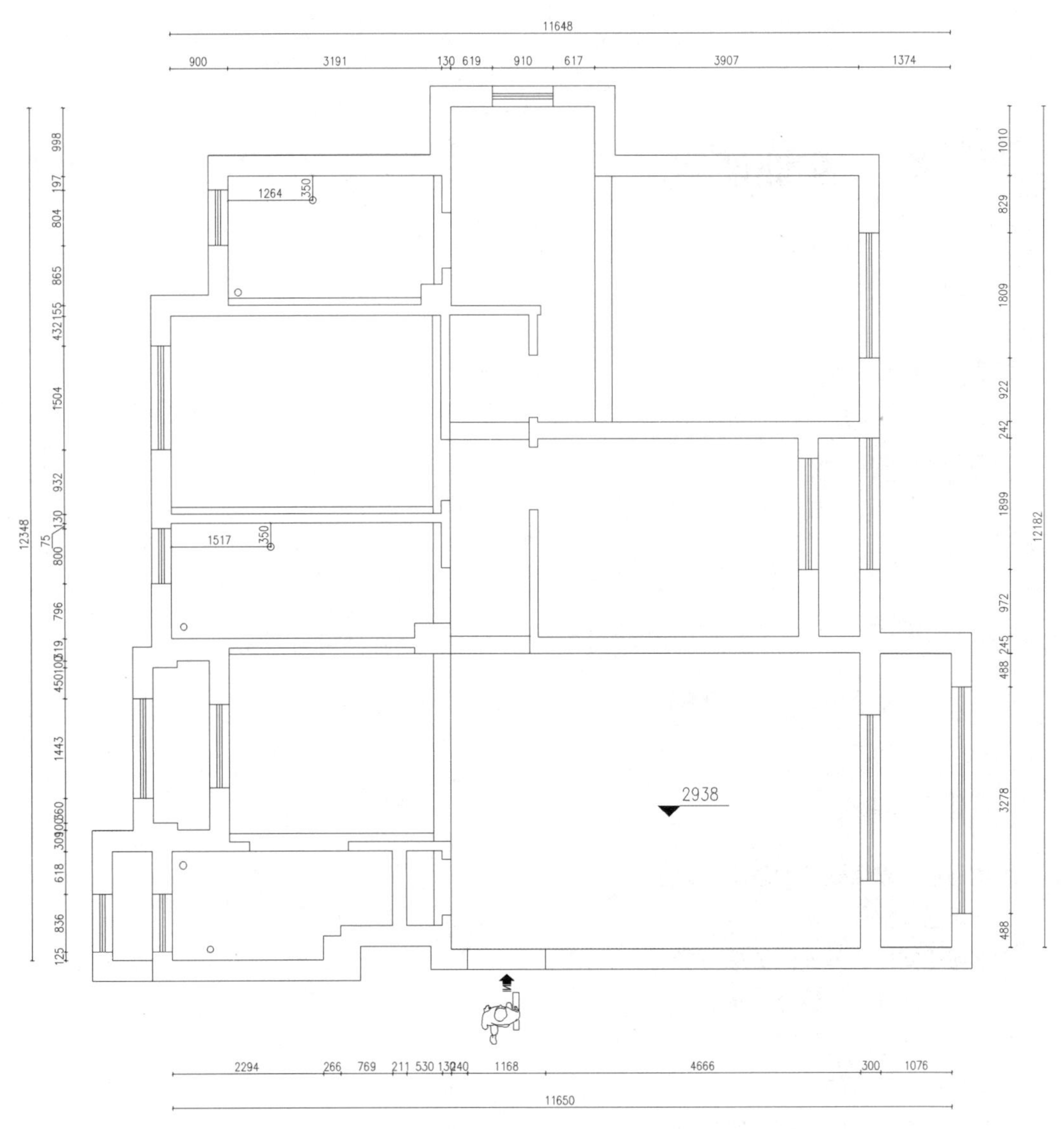

图 1-7-1 项目户型图

七、设计内容

①绘制多个平面布局方案草图，优选对比。

②绘制思维导图、元素提炼草图、空间草图。

③绘制分析图（功能分析图、流线分析图、色彩分析图、材料分析图）。

④设计说明 1 份。

⑤设计方案图纸（平面、天花、立面、详图）。

⑥空间效果图。

⑦空间预算 1 份。

⑧ 600 mm × 900 mm 展板 1 张。

⑨设计小结，总结设计过程中的收获与不足。

八、业主需求

PROJECT TWO

项目二 小户型居住空间室内设计

数字资源 2-1
任务一（课件）

数字资源 2-2
任务二（课件）

数字资源 2-3
任务三（课件）

数字资源 2-4
任务四（课件）

	项目一	项目二	项目三	项目四
任务说明	针对小户型优秀案例、前沿设计进行分析，提出设计技巧与重点；通过训练让学生在学做一体的过程中完成知识的迁移，掌握小户型居住空间设计的方法等			
知识目标	1. 了解划分小户型的面积范围 2. 了解小户型居住空间室内设计的概念 3. 了解小户型居住空间室内设计的特点 4. 了解小户型居住空间室内设计的方法 5. 了解小户型居住空间平面布局的思路 6. 了解小户型居住空间软装搭配的技巧			
能力目标	1. 能通过案例比较学会分辨户型的优缺点 2. 能合理规划小户型平面布置 3. 能正确选择小户型居住空间设计的家具，合理搭配 4. 能巧妙运用色彩、材质等元素优化小户型空间 5. 能熟练掌握与使用最大化小户型空间的设计方法与技巧			
工作内容	1. 学习小户型居住空间设计的重点知识 2. 完成小户型平面规划的多方案绘制 3. 完成小户型居住空间训练项目的软装方案 4. 完成图纸绘制与版式美化 5. 完成“课程报告书”及汇报			
工作流程	案例分析—接受实训任务—知识链接—自主学习—自主分析			
评价标准	1. 案例对比分析 30% 2. 自主学习 30% 3. 自主分析 40%			

任务一 不同类型小户型居住空间设计案例解析

居住是人类行为中的一大主题内容。随着社会的发展，住的功能需求早已超越了安身、休息、遮风避雨的范围，人们对自身居住的室内环境的品质越来越重视。由于人群不同，居住模式及需求也多元化、个性化，年轻人对自由和独立的向往，加之房价的居高不下使小户型住宅越来越畅销、需求越来越多。

小户型住宅目前没有严格意义上的界定，地域不同，面积标准也不同，本章讨论的小户型住宅室内使用面积在 50 m^2 以内，是能够基本满足人正常生理需求活动的空间。目前小户型居住空间类型也越来越细化，分为 SOLO 小户型居住空间、SOHO 小户型居住空间、LOFT 小户型居住空间三种主要类型。

小户型居住空间具有布局紧凑、居住人数较少、户型单一、功能结构简单等特点。如何让小户型居住空间功能齐全、环境舒适、生活便捷，又能体现住户独特精神追求，本章将通过典型案例进行讲解。

一、38 m^2 SOLO 单身公寓设计案例分析

设计理念：可灵活更换的活动空间。

设计目标：单身女性。

户型面积：38 m^2。

设计难点：在有限的空间中，保证一个人的日常活动得到满足，并且具有舒适性，根据人的生活模式整合空间。

问题引入：在有限的空间中，要满足一个人居住的所有功能，十分困难，要想最大化地优化设计方案，需要思考以下问题：这个户型（图 2-1-1）有什么优缺点？一个单身女性的日常生活模式是什么样的，有什么行为模式？各功能空间是封闭还是开放或者半开放的？根据私密与开放的需要，功能空间的位置、顺序如何安排？哪种色调更适合这种空间？

1. 空间设计效果

从入户开始看起，左侧是卫浴，右侧是微型开放式厨房，针对单身住户来说，由于生活、工作及生活习惯，厨房的使用率并不那么高，因此厨房的功能可以弱化（图 2-1-2）。对于小户型居住空间来说，“寸土寸金” ，因此应尽可能地利用空间，除保证功能使用之外，尽量寻找收纳空间，将卫浴间的镜子设计成镜柜一体的，如图 2-1-3 所示。

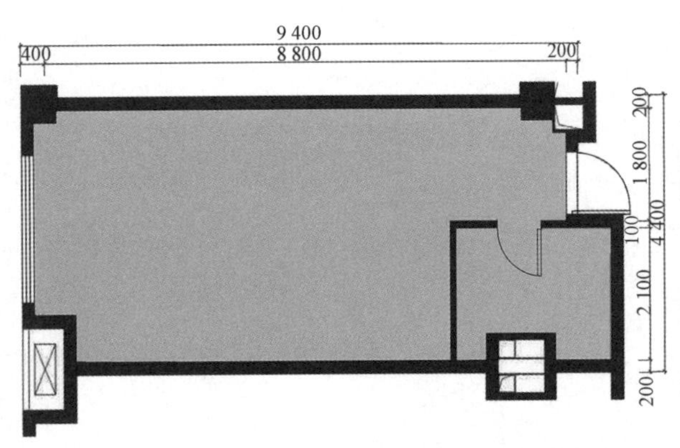

图 2-1-1 原始户型图

图 2-1-2 入户门效果

图 2-1-3 卫浴间效果

整体采用简洁的直线条，隐藏的收纳柜使得空间整洁、实用。

卧室和客厅平时处于开放状态，多层推拉门隐藏在柜子中间。关闭推拉门后，可得到安静、独立的休息空间，体现出了空间功能的灵活可变换性，如图 2-1-4、图 2-1-5 所示。

该设计中最特别之处是卧室和客厅的设计：客厅的沙发背景墙处设置了隐形床（图 2-1-6）。根据业主的喜好，客厅和卧室也可以互换位置。有朋友来，可以将床收起，将沙发移到最里面的休息区，可以有更宽敞的空间以便朋友的玩乐，如图 2-1-7 所示。夜晚，沙发移动一下，就多出一个小卧室，如图 2-1-8 所示。这种灵活的设计非常适合单身年轻人，自己生活的模式和朋友小聚的娱乐模式可以灵活切换。

细节的设计：客厅的边上做了展示柜加储物柜，如图 2-1-9 所示。推拉门边上的镜子与收纳柜一体，底下的床头柜可以拉出来当凳子使用，如图 2-1-10 所示。整套设计色彩以浅暖色为主，沙发靠垫、落地灯罩、小装饰画等软装饰品多用亮黄色，使空间活泼、明亮。

图 2-1-4　卧室、客厅整体效果

图 2-1-5　关上隐形推拉门的卧室

图 2-1-6　沙发后隐形床设计

图 2-1-7　客厅与卧室的互换

图 2-1-8　移动沙发变休息区

图 2-1-9　空间细节效果

图 2-1-10　细节设计

2. 整体设计思路

（1）空间开放性分析

这套方案的设计思路是“灵活多变”。首先从封闭与开放的角度分析，设计师将卫浴间按原结构处理成封闭空间，其余空间总体按照开放空间处理，但从卧室的私密性考虑，对卧室做了灵活处理，设计了磨砂玻璃拉门，平时处于收起状态，休息时可以关闭，以营造更加私密、更适合休息的封闭空间；将传统的封闭厨房处理成开放式厨房，采用开放式手法处理该空间的目的无外乎是保证 38 m^2 的小户型空间的流畅性、通透性。

（2）空间私密性分析

从私密性与非私密性的角度，设计师将室内空间按照非私密性到私密性的顺序由外而内安排空间，从入户门的厨房—客餐厅（舍掉餐厅空间将其客厅与餐厅合并）—卧室工作区依次向内布置，将静态的、私密的区域安排在长方形空间的最里面，区块划分明显。

（3）空间布局与流线分析

空间布局规整，遵循“划零为整”的原则，入户门右侧柜子整齐划一，对着门的空间形成完整的走道区域，整个空间不显凌乱。空间动线明确，主次分明，简捷有序，没有浪费的路线。这使得整个空间最实用、最有效、最高效，同时又保证了生活的便利。

（4）空间材料与色彩分析

材料的运用遵循“少就是多”的原则，色彩以浅暖色为主，利用其延展空间的色彩感。白色与暖木色的错落出现，更显空间的整洁。

除了以上合理的设计之外，为了增加空间的弹性，设计师设计了两个隐形床的位置，客厅和卧室可以随时更换位置，也可方便两人居住，增加了空间使用的灵活性，如图 2-1-11 所示。

资料来源：“室内外空间设计”微信公众号推送资料

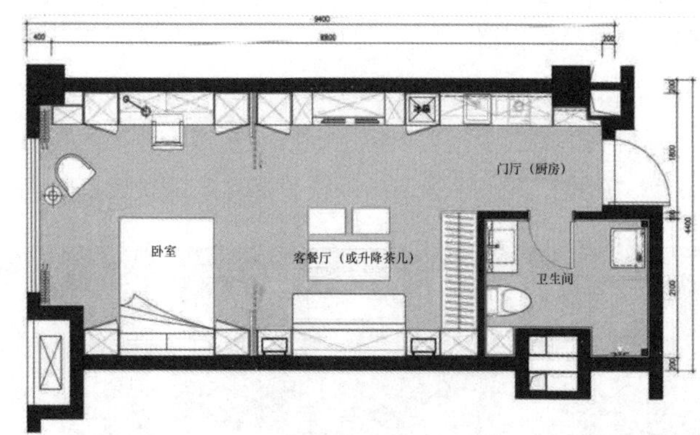

图 2-1-11 平面布置图

3. 设计小贴士

（1）SOLO 小户型含义

面积界定：每套建筑面积在 10~50 m²。

定位人群：小户型居住空间以青年人为主要用户群体，他们具有灵活的思维，乐于接受新鲜事物，是都市中的新锐人群；具有自由的思想、独立的生活、鲜明的个性，富有梦想，有自己的做事方法，受过良好的高等教育，并有一定的经济储蓄。

户型特点：面积小，户型以单一的方形、长方形为主，也有个别多边形等特殊户型，处理起来都有一定难度。

SOLO 户型就是尊重客户生活方式的精准居住空间，尊重客户以往生活模式，强调个性化界面，面积虽小，但一样追求生活品质，并且要求越来越高。为了提高人们小户型居住空间里的生活质量，如何提高小户型居住空间的灵活性、可变性、功能性，达到个性化，提高空间利用率是设计小户型的关键，也要满足人们物质生活与精神生活的根本需要，真正体现以人为本的精神。

（2）SOLO 单身公寓设计思路与方法

人的生活方式存在巨大的差异，人的需求是多样的，设计师做设计是设计“人的生活”，因此设计要根据不同人的需要来进行。分析不同人群特征，分析居住者的生活信息，如此设计才能提供给居住者不只是使用上的满足，同时能让其获得更大的空间享受和独特的体验。

①分析生活模式，明确功能空间。首先分析SOLO一族的人的居住模式、生活模式、行为模式，这部分人单身，有自己的工作，并不孤单，也会邀请好友小聚。一个人生活，做饭不是每天每餐都会有的，他们可能会时常在外就餐或叫外卖，但厨房也不能完全没有，因此厨房功能空间可以弱化或缩小。休息区是必备的功能区，对于偶尔朋友的到来，白天需要更宽敞的空间，可以将床设计成可折叠、可收起的形式。还可以多准备一个隐形床，以备好友的同住。客厅区、卫浴区都是必不可少的，就餐区可以根据空间的情况、业主的需要舍弃或者以会客区等区域替代。

②布局方法。由于空间拥挤，要满足一个人的全部生活功能，开放式处理优势显著，因此这类户型卧室和客厅多没有明显的划分。也可以没有客厅，也可以没有工作间，甚至可以没有卧室，所有的生活空间设定取决于居住者本身。

③动线设计简短。动线设计非常重要，本身面积不大的空间很容易有干扰、不便利、动线交叉，因此需要仔细分析私密性空间、非私密性空间、开放空间、半开放空间、封闭空间之间的关

系，理顺空间顺序与位置，动线设计主次分明、简短明了，不凌乱，如图 2-1-12 所示。

④灵活设计，空间有弹性。SOLO 小户型的特点是面积小，因此设计的重点之一是要灵活。生活内容是丰富的，有限的空间内，做到生活模式、娱乐模式、会友模式、休息模式、工作模式灵活切换，才能让居住者感到舒适。

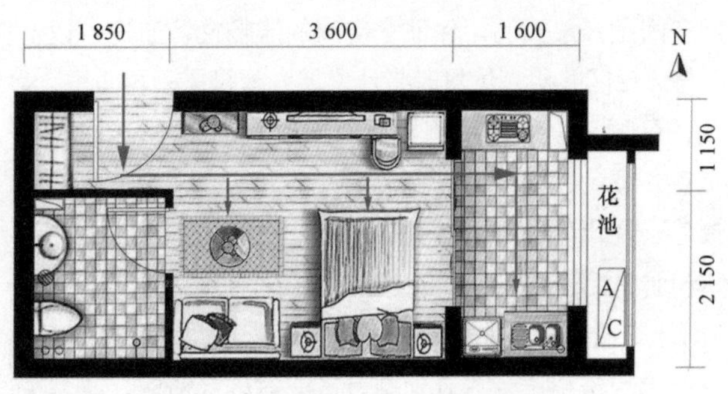

图 2-1-12　30 m^2 小户型动线设计

⑤强大收纳系统。收纳空间是小户型设计的重点，收纳空间需要足够多，并且不拥挤、不凌乱。例如，意大利—35 m^2 滨海小城小户型空间，汲取了船舱紧凑又合理的收纳理念，设计了一面功能丰富的收纳墙，如图 2-1-13、图 2-1-14 所示。

图 2-1-13　收纳墙

图 2-1-14　收纳机关设计

二、32 m^2SOHO 精品公寓设计案例分析

设计理念：时尚居家办公空间。

设计目标：居家办公的年轻人。

户型面积：32 m^2。

设计难点：室内面积相对较小，要在居住空间中办公，要保证生活、休息不受干扰，保证生活的舒适性与品质。需要考虑：如何开辟办公区域，需要哪些条件。

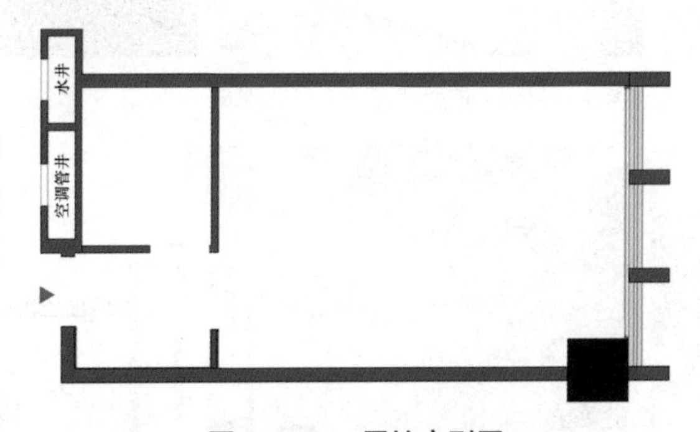

图 2-1-15　原始户型图

问题引入：在小户型居住空间中（图 2-1-15），将居住和工作功能整合在一起，需要注意哪些问题？如何布置？如何保证工作不干扰生活休息？动线设计和空间划分应注意什么问题？居家办公相对于普通住宅来说，有哪些不同的要求？有哪些需要考虑的因素？

1. 空间设计效果

入户门左侧是明亮的卫浴间，右侧是开放式厨房，虽然布局紧凑，但其尺寸都在人使用、活动的最低要求以上，保证了使用的舒适性。两个空间颜色都以白色为主，配以小面积黑色、绿色、蓝色点缀，使得空间更加明亮宽敞，如图 2-1-16、图 2-1-17 所示。

整个内部空间是开放式的，保证了空间的流畅性、通透性以及宽敞感。设计师将沙发和床设计成可以互相变换的，即客厅与休息区并用，休息时将沙发展开就是床；再向里，靠近窗户处设计成了工作区，如图 2-1-18 所示。

沙发对面的区域，桌面、两侧与顶部连成一条线，设计独特，并具有限定空间的作用。主体材料选用暖木色，小面积蓝色、绿色、亮黄色点缀，这些色彩在空间中彼此呼应，增添了空间的活泼感，地毯的几何图案也使空间更具时尚感、现代感，如图 2-1-19、图 2-1-20 所示。

2. 整体设计思路

（1）空间开放性分析

这类型空间同样采用了开放式处理方式。除去洗浴区，其余空间均为开放式，但分区明确；厨房空间弱化，工作区增大，可供至少 4 人同时工作，满足 SOHO 人群居家办公的需要。采用开放式手法处理该空间的目的也是保证 32 m^2 的小户型空间的流畅性、通透性、舒适性。

（2）空间布局与动线分析

为了令空间利用最大化，床与沙发设计为能转换的，两种功能用一个区域满足。如果按照由开放到私密的顺序，床的位置似乎应该在最里端，这里将工作区放置在最里端是为了让工作区域与生活、休息区互不干扰，设计动线简短、明确。

（3）色彩分析

色彩方面以白色和浅暖木色为主，点缀靓丽的黄、蓝、绿等颜色，增加了空间的活跃感，如图 2-1-21 所示。

图 2-1-16　卫浴间

图 2-1-17　开放式厨房

图 2-1-18　空间整体效果

图 2-1-19　工作区局部

图 2-1-20　细节效果

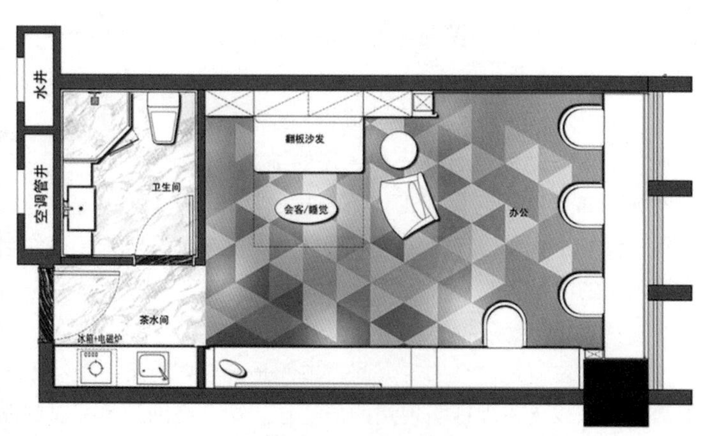

图 2-1-21　平面布置图

资料来源："齐家网" http://tuku.jia.com/gaoqing/213 675.html

3. 设计小贴士

（1）SOHO 精品公寓含义

SOHO 住宅含义："Small Office & Home Office" 意为小型办公和家居办公。SOHO 的出现源自居住在美国的部分艺术家们的生活环境和方式，兼具居住与办公的功能，空间多具备弹性与个性化模式，是信息革命所带来的生产、生活方式改变的结果。主要位于城市核心区、城市新区、地铁旁等黄金地段，交通便利，有成熟的商业圈。层高一般在 3 m 以上，空间高挑，可以划分不同的空间区域或者分层。

定位人群：SOHO 专指能够按照自己的兴趣和爱好自由选择工作，不受时间和地点制约、不受发展空间限制的白领一族。SOHO 一族自由的工作方式吸引了越来越多的中青年人，如自由翻译者、平面设计师、艺术家、音乐创作人等。组成形式可以是个人工作室，也可以是在家工作的上班族。

面积定位：SOHO 最初的本意并不是小户型的概念，面积约在 150~300 m^2，当它作为生活态度传播并离开北京进入国内其他城市以后，慢慢与单身、个性、自由等概念结合了起来，现在很多城市的 SOHO 公寓多以小户型为主。

SOHO 概念将新时代网络经济条件下的创业者从集中的办公区域中分解出来，通过计算机的网络功能联系了分散的、独立的、自由的工作方式，打破了集群式的、团队的、统一协作的工作方式，从而让办公和生活一体化，使工作区更接近家庭的生活状态。

（2）SOHO 精品公寓设计思路与方法

SOHO 是一种新经济、新概念，指自由、弹性而新型的生活和工作方式。代表前沿的生产力、活跃的新经济。办公与生活一体化，如何保证工作不干扰生活，又可以让人高效率地工作?

①空间布局。灵活的户型分隔，可分可合，更多机动空间；居家办公空间的设计重点在空间划分上，要特别处理好工作区域和生活区域之间既紧密联系又相对独立的关系。要保证生活动线与工作动线互不干扰，安排出工作与生活两大区域。

②空间分隔。家居办公的生活方式，对空间封闭与围合的灵活性提出了要求；工作时间与周期的变化对空间的灵活性和延伸性有较高要求。将空间设计成弹性的是必要的，这样空间可以随着使用需求的变化而变化。尽可能不用固定隔断来划分和组织各功能空间，而采用灵活的家具来围合出不同性质的空间，让各个空间功能变得更加多变。也可以利用色彩对工作区域和生活区域加以区分和进行气氛营造。

③色彩与装饰。可以不像办公室那样严肃，也可活泼一点，但应以不分散注意力、便于清洁为原则。

例如，日本两间蓝色调的 SOHO 公寓的布局反映了住户的生活方式。两间公寓的住户的工作分别是服装设计师和餐馆老板。两间公寓中，设计师将原空间内的隔墙打通，以开放式的布局划分空间。蓝色为整个公寓的主色调，在采光良好的空间内更显鲜亮。设计师将私密空间卧室和浴室隐藏在蓝色壁柜的后面，所以公寓更多的是作为一个开放式的工作室和朋友活动聚会的场所，如图 2-1-22~ 图 2-1-25 所示。

与普通住宅要求不同，SOHO 公寓还应满足办公的需要，如综合布线，电话、网络、卫星电视、管线等应满足多设备同时运行的需要；独立的卫浴、管道煤气等基本生活设施应保证配套；办公空间不仅要满足工作的需要，还要与居住空间协调，不能与居住空间产生矛盾，不能破坏正常生活的情调和氛围。

图 2-1-22 蓝色调公寓灵活的空间

图 2-1-23 蓝色调公寓工作区（设计室）

图 2-1-24 蓝色调公寓娱乐空间

图 2-1-25 蓝色调公寓工作区（餐馆）

三、50 m^2 LOFT 新婚公寓设计案例分析

设计理念：以实用为主的空间。

设计目标：新婚夫妇。

户型面积：50 m^2。

设计难点：面积小、层高复杂是这类房子的最大缺点。设计时需考虑：如何能满足新婚夫妻的居住以及未来的第三口人（图 2-1-26、图 2-1-27）？

图 2-1-26 改造前效果

图 2-1-27 改造前厨房

问题引入：斜顶两边高约 3.3 m，但中间的高度却有 4.6 m，凸出来的高度，一定还能设计出更多的空间，层高不统一是缺点还是优点？如何利用它？面积小，还要让夫妻二人有舒适的、宽敞的生活空间，如何开发空间？居住是动态的不是静态的，新婚夫妇不久会有孩子，如何设计成“生长型”空间，以满足夫妻的生活变化？

1. 空间设计效果

女主人从事教育行业，男主人是灯光设计师，两人都喜欢旅游摄影，对于 50 m^2 的婚房，他们期待尽可能让房子更实用一些。

首先是家中的玄关与厨房，玄关处的壁柜与厨房的收纳为一个整体，正面满足玄关的收纳需求，反面满足厨房的储物需求，如图 2-1-28、图 2-1-29 所示。

靠墙的一面是灶台区，面向窗户的则是通风区，而与客厅相连接的部分，则设置了一张长条餐桌，如图 2-1-30 所示。

原木小沙发与圆形小茶几，构成了一个小小的生活场景，可嵌入式的电视机后的木饰面背景板，还有一个更大的作用，就是作为投影仪的投影屏幕，如图 2-1-31、图 2-1-32 所示。

卧室区域也是一个半开放式的设计，没有门，从过道就可直接进入。定制款的可移动壁柜更便捷了平时拿取衣物。在电视柜的另一边，还特意留了空间，设计了一块办公的区域，如图 2-1-33、图 2-1-34 所示。

楼梯下的卫浴间简约，但是功能齐全。独特的动线规划将台盆与洗浴间平衡，另一侧的马桶区，则单独放置，台盆上的镜面后方其实是一个宽敞的储物地，如图 2-1-35 所示。

隔层重新搭建出一个大的生活空间，让小小的面积能够发挥出更大的效用。阁楼上的面积虽不到一楼的一半，但还是配置了独立卫浴间。

从楼梯上来后，过道的两边全都增加了木质的收纳柜，并呈 L 形陈列，而最内侧，就是家中的次卧空间了，这是一个简约的榻榻米，既可储物，也是一个隐形的床。或许在不久的将来，这块区域就是小宝宝的房间，如图 2-1-36、图 2-1-37 所示。

图 2-1-28　玄关与厨房

图 2-1-29　厨房区域

图 2-1-30　厨房餐桌细节

图 2-1-31　沙发区

图 2-1-32　电视背景板

图 2-1-33　卧室俯视效果

图 2-1-34　卧室平视效果

图 2-1-35 卫浴间布置

图 2-1-36 隔层入口处

图 2-1-37 榻榻米与学习桌

2. 案例整体分析

在这个案例中有几大点要突出解决的问题：50 m^2，对于新婚夫妇而言，居住面积的确是小，因此最大化挖掘空间成为首要问题；其次是房子的屋顶带斜坡，斜顶两边高约 3.3 m，但中间的高度却有 4.6 m，这样层高不一样，如何更好地利用？

解决面积问题，设计师想到了搭建一个 LOFT 式的空间，立体式挖掘空间，将客厅挑空再利用错层的关系将一二层楼连接起来，这样室内空间增加了不少。

针对面积不大的局限，除了开发二层空间，在一层布局方面，也采取了开放式的，缩减了就餐区空间，如图 2-1-38 所示，同时将休息与工作区合并在了一个空间中。

①局部与动线。一楼主要为厨房、客厅、卫浴间、主卧。卫浴间在楼梯下面，二楼更多考虑的是书房与次卧的设计，使得被挑空的客厅顶部多出一块活动区域。动线设计合理，整体上动静分开，卫浴间内部干湿分区，上下层交通衔接得当。

②这套设计中还注意了“生长式”居住空间的设计，满足了用户动态的生活需要，二层次卧在不久的将来可以作为小宝宝的房间，如图 2-1-39 所示。

③充分的收纳空间。小户型要充分开辟一切可利用的空间作为收纳空间，收纳设计得充分、合理、方便，整个空间才不会乱，使用起来更方便、舒适。这个方案中玄关处柜子、橱柜最上面、长条形桌面右下方以及二层空间都设计了很多收纳空间。

资料来源：“濮阳鑫远装饰”公众号推送资料

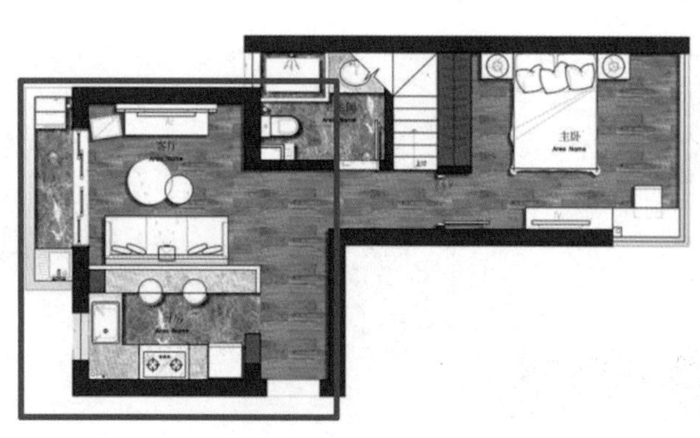

图 2-1-38 一层布局

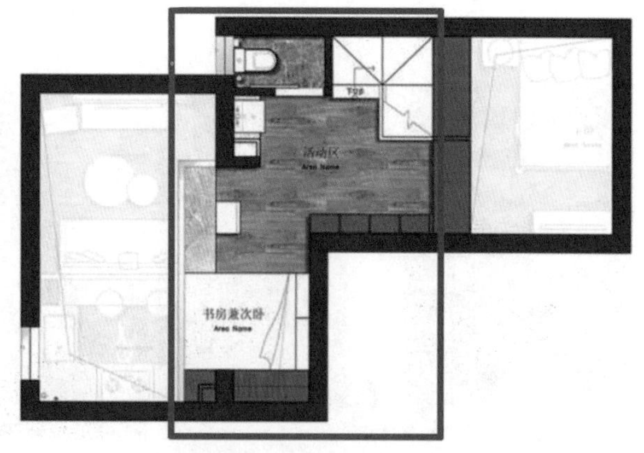

图 2-1-39 阁楼布局

3. 设计小贴士

（1）LOFT 公寓含义

LOFT，原指工厂或仓库的上部楼层，现指没有内墙隔断或者少有轻质隔墙的开敞式高层空间。

LOFT 起源于 20 世纪六七十年代的美国纽约。20 世纪 90 年代，我国产业结构调整，许多厂房被遗弃或搁置，被留学海外的艺术家打造成文化创意空间，变成了时髦的生活空间；20 世纪 90 年代末，中国的房地产商把 LOFT 打造成家庭办公理念；21 世纪初，随着 LOFT 改造发展深入，开发商开发出一种新的住宅形式——LOFT 公寓，它不一定是旧厂房和仓库，可以是那些层高超过 5 m 的住宅或办公区域，并且在建筑形态上有所改变，更贴合普通民众。

定位人群：多是有中等收入、首次置业、较高学历的年轻客户群，他们思维敏捷，崇尚个性，追求轻松、新颖、自由的生活，强调自我表现、社会认同，注重生活品位，在生活方式、家庭结构、审美爱好上都有其独特性。

图 2-1-40　纽约 LOFT 公寓效果图

空间特点：没有或者只有少量内墙隔断的开敞式住宅；随意隔断出风格各异的子空间住宅；精致时尚的装修风格；经济型小户型住宅；交通便利的市区或地铁沿线。

LOFT 住宅特征：高大而开敞的空间，上下双层复式结构，挑高多在 5.5 m 左右，类似戏剧舞台效果的楼梯和横梁。具有流动性，户型内无障碍；透明性，私密程度低；开放性，户型间全方位组合；艺术性，通常是业主自行决定所有风格和格局，如图 2-1-40、图 2-1-41 所示。

从建筑风格上说，LOFT 文化延伸了工业建筑的功能主义传统，对空间大胆切割与重构；控制材料种类，挖掘空间潜质，外挑结构大量运用玻璃、钢制框架。

（2）LOFT 公寓设计思路与方法

①设计元素。a. 层高。住宅项目的 LOFT 层高需在 4.9 m 以内，办公和商业项目的 LOFT 层高需在 5.5~6 m；悬挑空间。b. 楼梯。楼梯是一大重要设计元素，是交通通道，楼梯设计能体现出一个人的审美，如图 2-1-42、图 2-1-43 所示。

数字资源 2-1-1
LOFT 小户型装修案例欣赏

②空间布局。动静分开，上下层截然分区；空间开敞、通透设计。

③灵活空间。具有灵活的特点，能够自由切换生活模式、工作模式，预留更多可能性的增长空间。框架结构的大空间，可以不受约束随意分隔，空间功能具有模糊性。空间没有明显的划分，弹性大。

图 2-1-41　多伦多 LOFT 公寓效果图

图 2-1-42　纽约 LOFT 公寓（楼梯）

图 2-1-43　多伦多 LOFT 公寓（楼梯）

在开始任何设计之前，都应分析业主生活模式、家庭结构变化、家庭功能的变化、价值观念及审美。居住是动态的过程，从二人世界到三口之家，偶尔的亲朋好友来访等，家居空间具有变动性、多元化特征，因此，应根据业主的意愿预留一部分空间，以适应家庭成员的变化。本案例中二层的书房兼次卧即是为将来的小宝宝预留的空间。

不同年龄阶段的人对住宅有不同的理解和需求，尤其处在青年时期的人，潜在的可变性极大，所以对住宅的可改造性要求相对较高，因此应使住宅成为一种生长的、具有活力的空间。住宅的潜伏设计（生长型住宅）就是在最初的设计中为日后的改造留有空间和在构造方面留出调整余地，以适应家庭人口、年龄结构、生活方式的变化，实现居住的人性化。

任务二 小户型居住空间设计方法与思考

住房是人类生存最基本的需求之一，但是房价急速上涨，中大户型对于普通阶层、刚毕业的年轻人来说成为奢侈品，因此高效、简约、舒适的小户型住宅渐渐受到人们的喜爱，逐渐成为一种时尚的新型城市居住形态，成为一种新的居住文化的物化形式。

随着人民生活水平的进一步改善，对室内环境的要求也在不断提高，在追求空间利用、舒适度等方面要求更多。小户型面积狭小，必须在有限的空间内满足人的各种使用功能的需求，以及人的心理上和精神上的需求，具有舒适性、使用性、艺术性。

小户型目前没有严格规定，比较受人认可的说法是：一居室销售面积在 50 m^2 以下，两居室销售面积在 80 m^2 以下、三居室销售面积在 100 m^2 以下的户型都叫小户型，目前主要有 SOLO、SOHO、LOFT、STUDIO、OFFICE 、蒙太奇等形式。这里讨论的小户型居住空间主要是建筑面积在 70 m^2 以下的小面积住宅。

一、小户型居住空间设计的总目标

小户型居住空间追求的目标是功能全、够舒适、够灵活、精致时尚，不能因为小而牺牲了舒适度和一些基本的功能需求，因此在小户型居住空间使用功能设计中，不能简单化、表面化，要进行整体的规划与设计，合理地确定各部分作用，从而形成丰富的空间层次感。再小的空间也要满足居住者的休息、会客、娱乐、就餐、洗浴、工作等全部基本的生活需求；而且要够舒适，能满足居住者的精神需求。小空间要想满足各种个性化的空间需求，需要灵活地设计，如可用折叠、推拉、隐藏等方式，随时切换空间的使用模式。在进行小户型室内空间设计时，要将以人为本、空间高效利用作为原则，及考虑不同群体的特殊要求，将影响室内环境的因素综合考虑，将人对环境的需求与设计规律相结合。

二、小户型居住空间设计的总思路

1. 细分业主生活模式

不管有什么好的方法、不管有什么好的材料，设计都是建立在服务于人的基础上的，应以人为本，真切地以业主的生活模式、行为模式、个人喜好为设计基础，每个设计都是独特的。

2. 立体化空间思考

小户型居住空间的横向面积已经有所限定，因此应从垂直方向上寻找可利用的空间，如尽量在垂直方向上设置尽可能多的收纳空间。可将床设置为位置可上移的，上移高度不同，设计结果不同，上移 800 mm 左右，床下有更多的收纳空间，上移 2 000 mm 以上，床下可以是客厅区域、学习区域、餐厅区域等。除了垂直方向上的设计外，水平方向上更是每一部分空间都合理划分、切割，充分利用。立体化划分、利用空间，可以开发很多可能性。例如，莫斯科 35 m^2 的新婚住宅，设计师重新思考了空间的可利用性，将所有的功能集约到一个盒子式的框架中，床的位置上移，制造出飘浮空间，内部结合松木板，营造了温馨氛围，下方滑架可收纳衣物，如图 2-2-1~ 图 2-2-3 所示。

图 2-2-1　新婚住宅床位置上升

图 2-2-2　电视柜

图 2-2-3　无处不在的储藏空间

3. "1+1=1" 的思考方式

"1+1=1" 的思考方式是指两个功能空间重叠、共用的设计方式，例如，客厅与卧室应该是两个独立的空间，将两个空间重叠设计，可以是客厅，通过家具的移动、收放，又可以是卧室，将两个功能区设置在一个区域里。

4. 可变空间设计

小户型居住空间设计中非常重要的一点是要具有可变性。可变设计可以实现空间舒适性，满足使用者需要和空间可塑性适应家庭成员变化。空间不再是固定的功能空间，而是既可以休息又可以会客的多功能空间。可变空间设计不仅是一种设计方法，也是一种设计思维。

三、小户型居住空间设计的具体方法

1. 立体化设计

①将整个空间进行立体划分、切割，在水平与垂直方向上挖掘空间。小户型居住空间设计必须进行空间重组，这种方法其实是非常有趣的。设计时可以多设想一种划分方案进行比较，以游戏的心态，能让思维放开、创新，这种方法可以开发出更多的空间布局。例如，纽约 45 m^2 创意小空间的设计就有划分盒子的意味，空间整合到立体"盒子"中，进行水平、垂直的划分，并用"盒子"进行区分空间，"盒子"本身可以储物，又有分隔空间的作用。床的位置抬高，下面的空间成为储藏空间，这样的设计思路使得 45 m^2 的空间满足了人生活的各方面需求，居住起来舒适、方便，如图 2-2-4~ 图 2-2-7 所示。

②化零为整，减少零碎空间的出现，将空间规划到整体的"盒子"中，如利用电视背景墙制作完整的一面储物柜，柜子尽量左右、上下连续起来，形成整体感，充分利用空间。

③空间重叠与合并。空间重叠是一种有效提高空间利用率的方法，赋予空间可变化性。

④简化动线。尽量简化动线，主动线的设计能满足人的所有生活功能需求，如图 2-2-8、图 2-2-9 所示。

图 2-2-4 位置上升的床

图 2-2-5 厨房设计

图 2-2-6 无处不在的储藏空间

图 2-2-7 沙发区域

数字资源 2-2-1
小户型空间规划——“立体化”空间思考

图 2-2-8 空间透视图

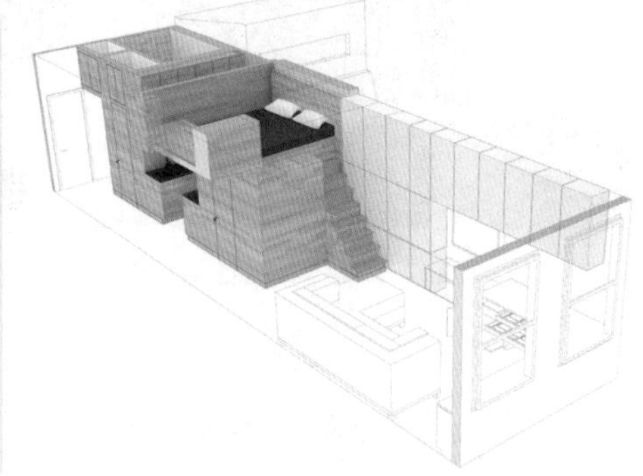
图 2-2-9 “盒子”设计

⑤开放式布局。小户型居住空间多采用开放式、半开放式布局，如客厅、厨房、餐区以及卧室放在一个大空间里，少用固定隔断或隔墙，空间显得宽敞、通透，减少了拥堵感。

2. 家具的选择

小户型居住空间家具在尺寸上有所限制。家具的选择与设计应实现“家具空间化”“家具整体化”，对空间充分利用，形成一个有机整体。小户型居住空间家具的设计与选择具有特定的原则。

①家具定制化原则。根据墙体定制直线型或拐角型整体柜子，根据空间尺寸定制家具，充分发挥家具空间化、立体化功能，充分利用空间。

②家具多功能原则。如室内沙发，通过整体化的设计，展开后即形成一张床。这种富于变化的家具对小空间来说比较实用，可以根据空间功能需要变动，非常节省空间，如图 2-2-10、图 2-2-11 所示。

图 2-2-10 半自动带桌面垂直旋转床休息模式

图 2-2-11 半自动带桌面垂直旋转床工作模式

③家具灵活性原则。如隐藏餐桌、隐藏楼梯、隐藏床，通过滑轮和铰链的形式，实现对家具的隐藏。家具的功能不再单一，有效地节省了空间，如图 2-2-12~ 图 2-2-14 所示。

小户型居住空间家具的选择遵循小巧、轻质、多功能以及风格简约、统一的原则。在造型上体量小、轻巧、通透的家具占地面积小，具有扩展空间、延伸视觉的效果。另外选择家具时应注意，风格要统一，线条简约质朴，室内家具造型以直线为主，可使空间更加开阔。

3. 灵活的分隔形式

不采用固定的隔墙，采用可移动、旋转、推拉、隐藏等方式，如折叠门、软帘、玻璃、收纳柜体等做分隔，或者采用软帘、绿植等进行空间分隔。例如，某 30 m^2 小户型居住空间按照预设的客厅、厨房、卫浴、卧室等区域进行设计会困难重重，因此采用开放式设计形式将电视主墙移动到家的中心，使其扮演灵活的隔断角色，可以根据需求推移墙面，让空间展现最大的自由度与使用弹性，不管怎么移动，都能保证充足光源，如图 2-2-15 所示。

4. 色彩选择

色调要统一，统一的色调可使空间形成整体感。颜色要以浅淡色为主，利用色彩的视觉延伸作用，拉伸空间。如浅冷色调具有视觉后退效果，避免产生拥挤感。而乳白、浅米、浅绿等浅色调都具有提亮空间、增强视觉效果的作用。局部再使用深色或亮彩色饰品点缀，活跃空间色彩。

5. “少”的原则

“少”体现在，小户型居住空间内色彩宜少不宜多，尽量保持统一；小户型居住空间内材料的使用宜少不宜多；小户型居住空间内装饰物宜少不宜多，如墙面适当运用留白反而显得空间宽敞；小户型居住空间内复杂的造型宜少不宜多，干净利落的直线造型更适合小空间。

图 2-2-12　上下床功能状态

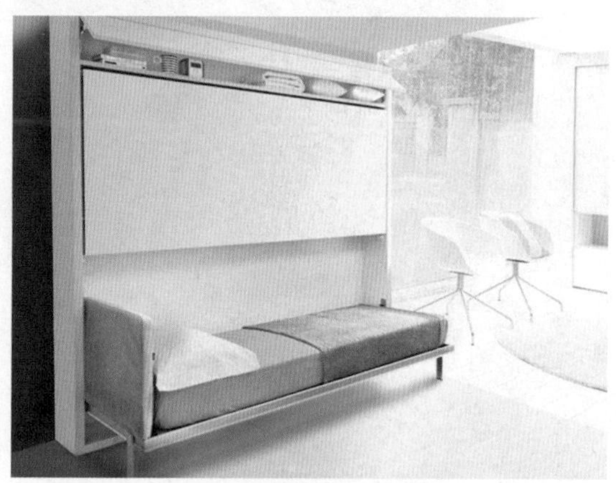

图 2-2-13　单床功能状态

数字资源 2-2-2
小户型空间分隔方法

图 2-2-14　隐藏功能状态

图 2-2-15　移动背景墙

数字资源 2-2-3
色彩搭配小课堂

6. 五金件的重要性

要实现小户型居住空间的灵活移动、折叠、推拉、旋转、升降等，离不开五金件的支持，如各种类型的滚轮、止滑定向滑轮、蝴蝶铰链、暗铰链、抽屉式拉轨等五金件，如图 2-2-16~ 图 2-2-18 所示。

7. 机械技术与智能系统的应用

以中国建筑师张海翱与德国机械工程师 Tobias 设计发明的家用级别升降楼板为例，主要通过旋转丝杆带动丝母上下升降楼板，断电后楼板自动锁定，保证安全、安静、平稳。有了这样的技术可以轻松实现功能空间的上下移动、切换，保证了业主对不同生活模式的需求。

例如，北京一对“90 后”跨国夫妻，需要改造他们的爱巢（图 2-2-19~ 图 2-2-21）。原有空间非常狭小，且由于层高有限，夹层空间让人感觉非常憋屈。同时作为商住楼的一个格子间，上、下、左、右均无扩展的余地。使用时通风不畅，采光有限，各种使用功能欠缺，无法满足多种功能需求。如何在有限空间内创造出舒适的空间?

设计师在不同标高的基础上，利用翻折家具的变化，设计出满足不同居住模式需求的空间。一共有六大居住模式：起居、健身、看电影、睡觉、多人居住、书房。不同模式下，房间的布局各有不同。

图 2-2-16 止滑定向滑轮

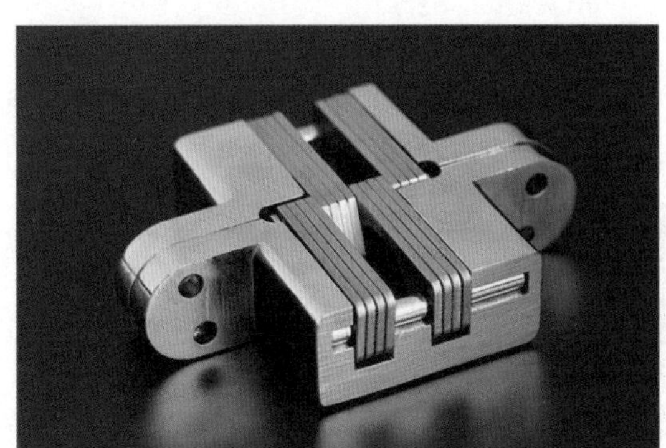

图 2-2-17 铰链

图 2-2-18 拉轨

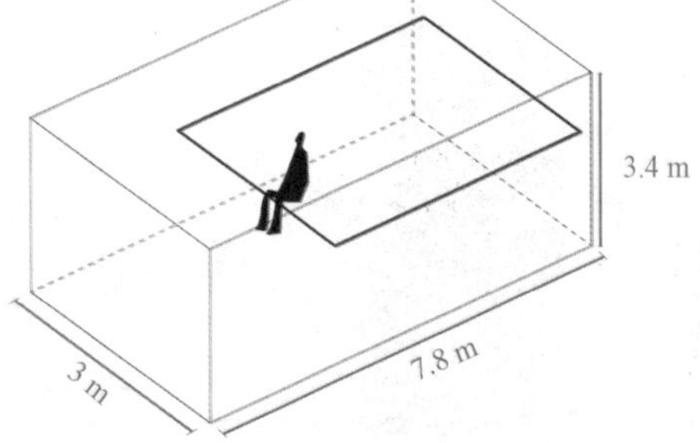

3.4 m

7.8 m

3 m

图 2-2-19 空间尺寸图

3.4 m净高
尴尬的夹层空间

上部太低

下部太低

上下均不足

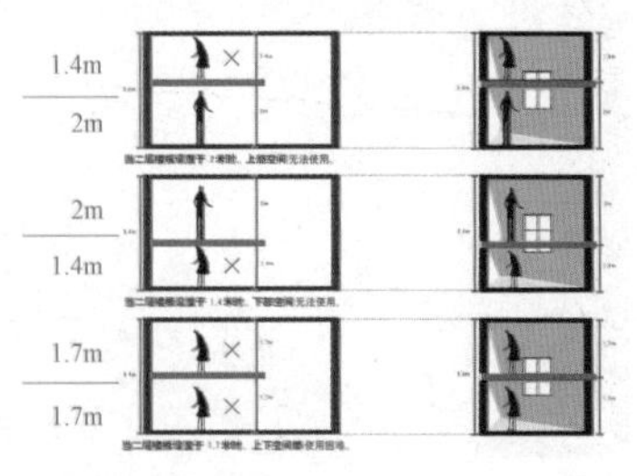

图 2-2-20 夹层高度分析

房间 房间 房间 房间 房间
走廊 3000
房间 房间 SITE 房间 房间
平面空间无扩展余地

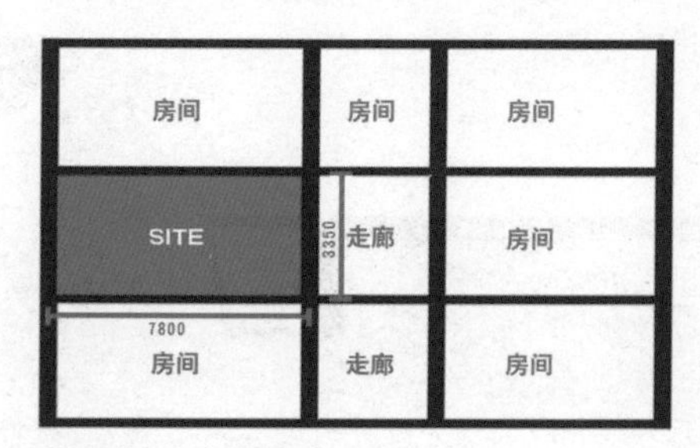

图 2-2-21　周边环境

闷热、潮湿、隔音差都令人感到不安，狭小的空间和尴尬的生活方式使得这对夫妻在北京的生活变得狼狈不堪。然而，这也是广大年轻北漂的生活常态。基于以上种种因素，设计师为这个的微小空间，特别发明了独特的可移动机械楼板（图 2-2-22），通过楼板的不断变化实现了空间的转变，从而满足了这对夫妻对不同功能的诉求，如图 2-2-23~ 图 2-2-28 所示。

这个小户型设计项目中不但有机械技术的支持，还有智能系统的应用。智能系统应用于生活的各个方面，照明、烹饪、安防、空调等，还能控制居室空间，可根据需要开合、升降、移动门扇或家具，满足不同时间段对居室空间的不同功能需要，为居室的适应性变化提供技术保证。

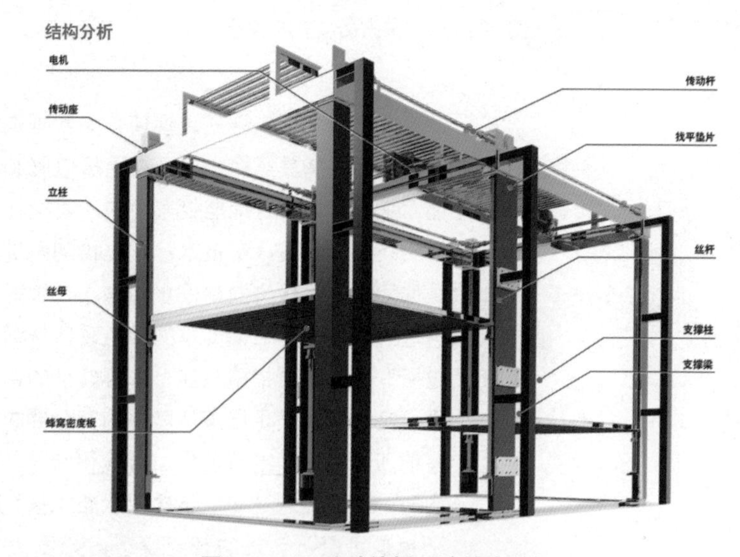

图 2-2-22　移动楼板系统结构分析

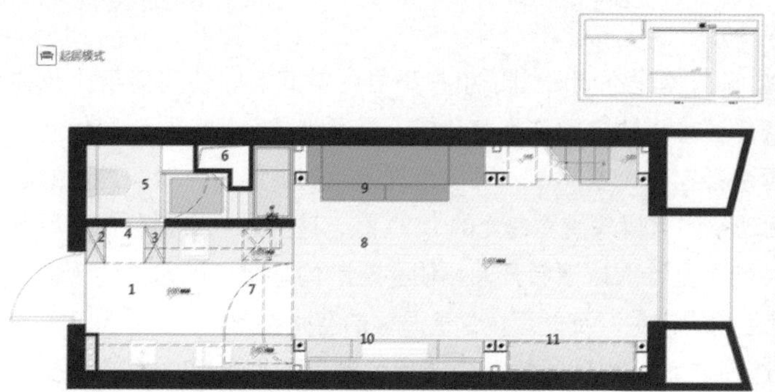

图 2-2-23　起居模式平面图

图 2-2-24　起居空间

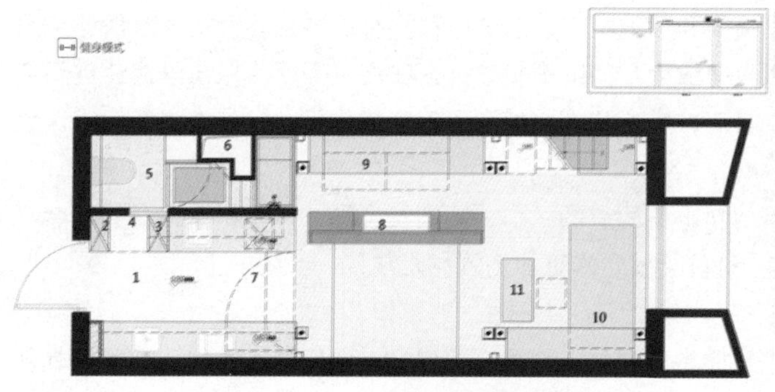

图 2-2-25　健身模式平面图

图 2-2-26　健身空间

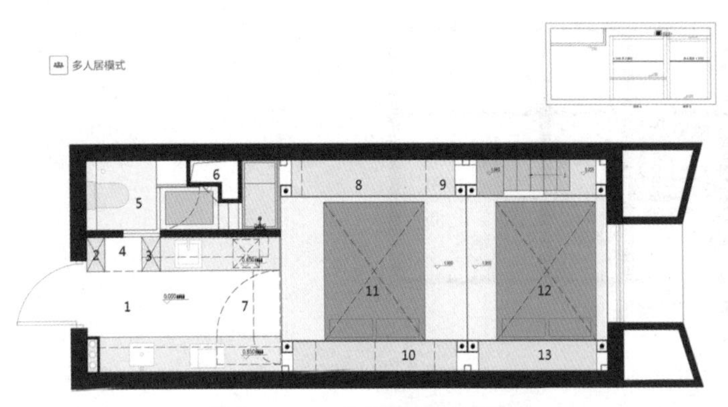

图 2-2-27 多人居模式平面图

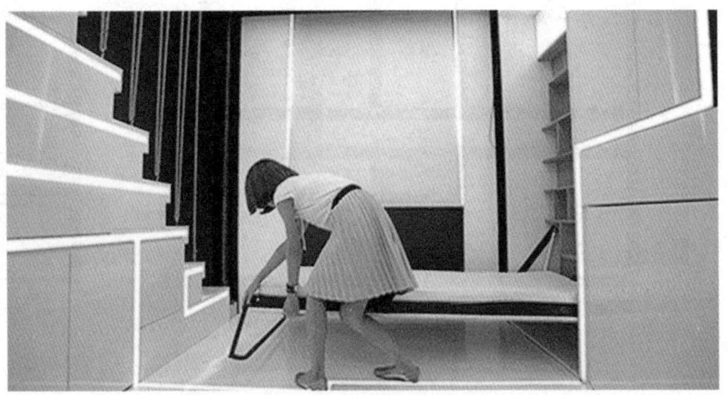

图 2-2-28 变形卧室空间

该方案主要包括三大模块：大数据查看、安全系统、智能控制家电。大数据系统收集家庭的用电情况，并将其可视化展示在平板电脑和手机上，主人可以实时地监控家中的各类指标。同时引入了红外线幕帘技术，一旦检测到进入区域的活物，楼板会立刻停止动作。在智能面板旁边同时设置了自动复位的紧急暂停按钮。通过所有这些安全措施，加上本身丝杆的自锁特性，完全可以满足居家环境中的安全要求。浴室的入口采用了电镀玻璃，当检测到人在浴室内时，玻璃会自动变为不透明状态，甚至连镜子也是可以听音乐的智能镜子，如图 2-2-29 所示。

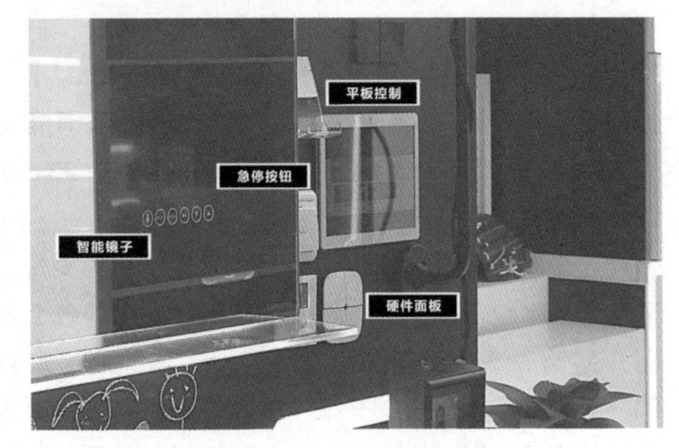

图 2-2-29 家居智能系统

8. 灯光照明的应用

合理运用灯光可以在视觉上改善空间、美化空间。由于小户型居住空间实际使用面积比较狭小，所以使用整体灯光为佳，太多光源会让狭小的空间产生凌乱感，显得更狭窄。小户型居住空间通常采用开放式设计，卧室、客厅、厨房都在一个空间中，可以合理运用局部照明，增加居室的起伏性。运用色彩心理学原理，客厅等活动空间可以采用冷白光的 LED 灯，这些彩色有扩散性和后退性，能延伸空间，让空间看起来更大，使居室给人以清新开朗、明亮宽敞的感受。卧室主要营造出舒适感，满足基本照明即可，可选用暖色调的床头灯及壁灯，营造温馨的空间氛围。

小户型居住空间在灯具上要尽量选择造型简约精巧的，少选用大型装饰型吊灯，使空间显得拥挤。

9. 巧用材料

小户型居住空间设计中应合理利用镜面和玻璃材料，这类材料具有扩展空间视觉以及保证空间通透的作用。镜子的反射、反光的特点具有放大空间的视觉效果，在玄关等处使用镜子能让空间宽敞明亮。玻璃材质轻盈、通透的特点，具有减少空间拥挤感和沉闷感的作用，且玻璃隔断能够保证室内光线充足。

小户型居住空间设计中应充分利用材料本身固有的纹样、图案及色彩，体现材料自身的质感。在材料规格方面，选择较小规格的瓷砖，往往会使空间更加宽敞、大方。

10. 收纳的智慧

收纳空间在小户型居住空间设计中是非常重要的一部分，要保证大空间的完整性，不能因其划分使空间变得零碎，同时也要保证人的活动范围，不能影响人的正常生活秩序。收纳空间设计要巧妙，同时还要使用方便，设计时需要具有空间的利用智慧，可利用新材料、新工艺、五金件等实现收纳空间的方便收纳。

通常设计一整面墙的柜子是一个不错的选择，既能保证充足的收纳空间，同时又美观整洁（图 2-2-30），还可以让家具变收纳空间。沙发、床抬高式设计，下部抽屉利用拉轨和滚轮保证使用的便利。有楼梯的话，楼梯下面也是非常好的储藏空间。小户型收纳空间需要打破独立家具单独摆放的设计思维，整合功能与空间的关系，并利用抬高功能区的方法，偷换出更多的收纳空间（图 2-2-31）。13 m^2 的极小户型居住空间中如果放了一张床、书架、橱柜等各自独立的家具，将异常拥挤，一个既是床也是收纳柜的多功能家具，则非常符合需求，如图 2-2-32、图 2-2-33 所示。

图 2-2-30　整面墙制作收纳柜（一）

图 2-2-31　整面墙制作收纳柜（二）

图 2-2-32　13 m^2 小户型收纳空间设计

图 2-2-33　床与收纳柜的整合

数字资源 2-2-4
小户型空间 · 家具与收纳

任务三　课外拓展

一、平面布置“挑毛病”

1. 发现问题

一套 35 m^2 的公寓，内部包含厨房、就餐区、客厅区、休息区、卫生间及浴室等空间，此外收纳空间很多，平面布置如图 2-3-1 所示。根据个人的经验和已有知识，仔细观察并分析这套设计中存在的遗漏和疏忽。结合空间效果图，仔细观察、分析本套设计的风格特点，并思考：其优点有哪些？采用了哪些小户型居住空间设计的方法？存在的缺点有哪些？如果修改方案，应采取何种方法？画出修改后的草图。

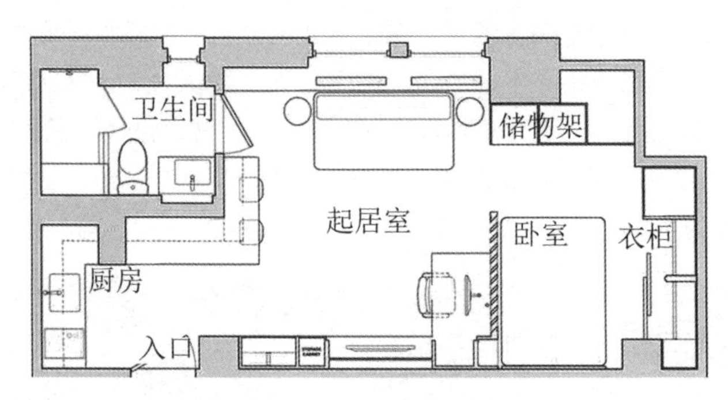

图 2-3-1 平面布置图

2. 设计方案情况

入户就是厨房，柜面用了橙色，台面用了白色，搭配灯光，看起来非常明亮，没有压抑的感觉。厨房和吧台、餐厅也是连在一起的，用小吧台来代替餐桌，会节省几平方米的空间。

再往里就是客厅空间了，沙发直接靠窗摆放，客厅的一角还做了个小书房，卧室隐藏在窗帘的后方。把视线拉到整体，从卧室这里看入户，电视背景墙就是鞋柜和展示柜的集合。鞋柜弥补了空间中没有玄关的遗憾，展示柜又能把业主喜欢的小物件都摆出来。卧室和客厅是通过木栅栏隔断来分隔的，既美观又能借到卧室的光线，而且窗帘一拉，隐私也能得到保护，如图 2-3-2~ 图 2-3-7 所示。

3. 提出设计观念

① 结合平面图，说说这套设计的风格和材料运用的特点。

图 2-3-2 厨房（一）

图 2-3-3 厨房（二）

图 2-3-4 客厅书房角

图 2-3-5 客厅

图 2-3-6 客厅电视背景墙

图 2-3-7 卧室

② 你认为该设计中的疏忽之处或不合理之处是什么？

③该空间使用了哪些小户型居住空间设计的方法？

④ 针对设计中的缺点和不足，画出自己的修改草图。

二、室内布置与收纳比较

1. 思考的问题

①室内动线布局有多重要？合理的动线设计能带来哪些好处？动线合不合理直接影响日常生活的便利与否，甚至大大影响劳作效率。

②你去家具卖场选茶几，会选什么风格、什么款式的茶几呢？请先去卖场采集回来你喜欢的几款茶几，再来看看以下对不同茶几的分析！你得出了什么结论？

2. 动线设计对比效果图（图 2-3-8、图 2-3-9）

同一个空间，不同的动线设计，使得人移动的距离发生了巨大的变化，生活的效率成倍提高，提高了生活的便利。因此，应重视动线设计，可对同一套动线设计多做不同的方案练习，分析比较，即可初步获得一些动线设计的经验。

数字资源 2-3-1
小户型如何做隔断

3. 茶几选择对改变空间的对比

通过这组不同茶几手绘收纳效果的对比，你是否重新开始思考“好用”与“好看”的现实意义。生活空间就是由各种细碎的物品组成的，能够将这些物品系统、方便地收纳起来，整个空间将会显示出完全不同的风貌，人的心理状态也会不同。设计就是帮助人生活得更好，因此动线设计要科学，收纳空间设计要合理。

对于收纳的物品分析。物品有大有小，茶几周边的生活物品有哪些？体量大小如何？一个很大的、深的盒子或者抽屉空间，容易让物品叠压，不方便拿取。因此将空间划分，“浅薄”储物，将空间切割成浅的小抽屉，便于拿取物品，如图 2-3-10~ 图 2-3-15 所示。

数字资源 2-3-2
随走随学——H5 微课堂

4. 规划玄关储物柜

根据以上的对比，对人从外面回到家中看到的第一个空间玄关处的一切物品进行列表，并将物品分类。分析分类物品，设计一套玄关布局与玄关储物柜。

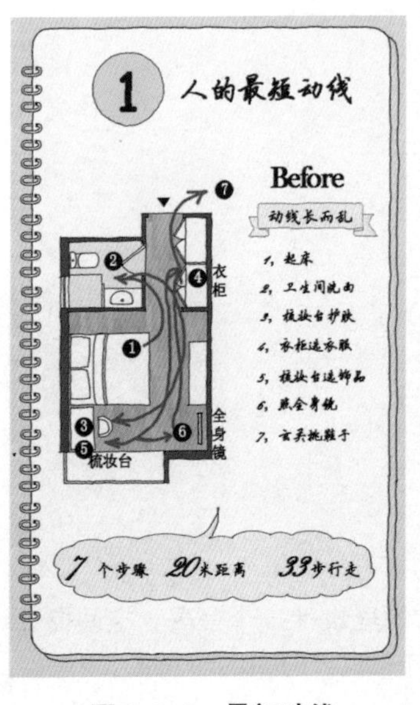

图 2-3-8　最初动线

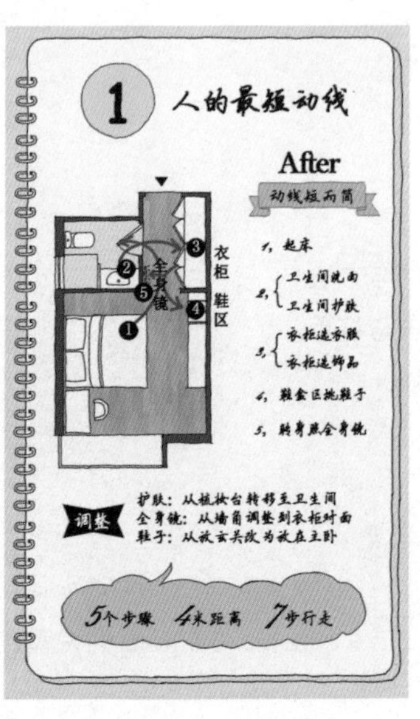

图 2-3-9　改后动线

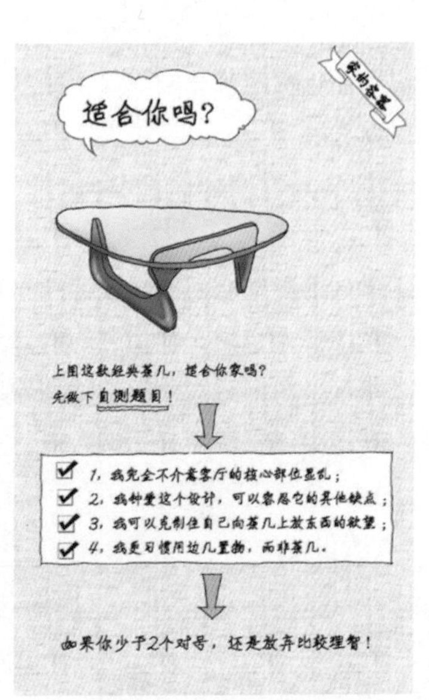

图 2-3-10　适合你吗

图 2-3-11　理想与现实

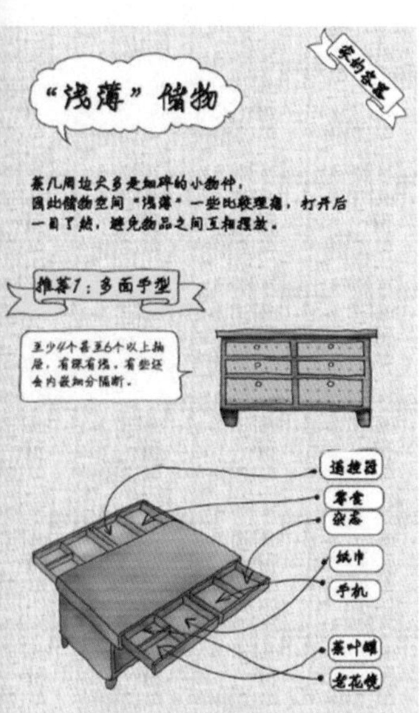

图 2-3-12 "浅薄"储物（一）

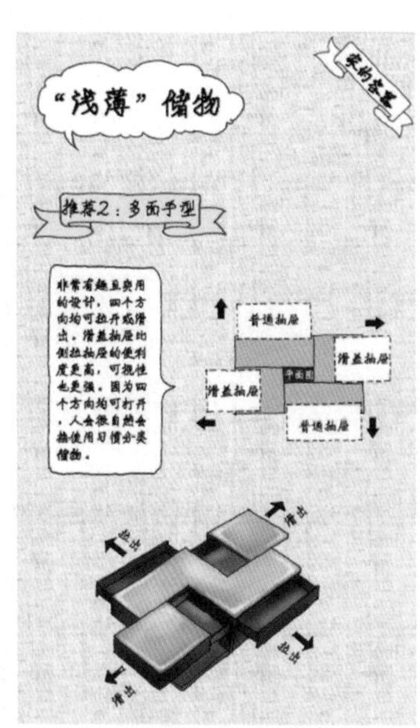

图 2-3-13 "浅薄"储物（二）

图 2-3-14 不好看不好用

图 2-3-15 好看不好用

任务四 实训项目

一、实训题目

我毕业后的第一处住所——公寓设计

二、完成形式

以 2~4 人为小组共同完成，团队合作。

三、实训目标

①掌握小户型空间布局设计的思路与方法。
②掌握扩大空间、利用空间的方法与技巧。
③掌握小户型空间色彩的运用原则。
④掌握小户型空间收纳的方法。

四、实训内容

如图 2-4-1 所示，在一个 3.9 m 宽、9.1 m 长、3.5 m 高的户型结构里设计一个公寓。空间需要分隔为两层，能满足功能需求。

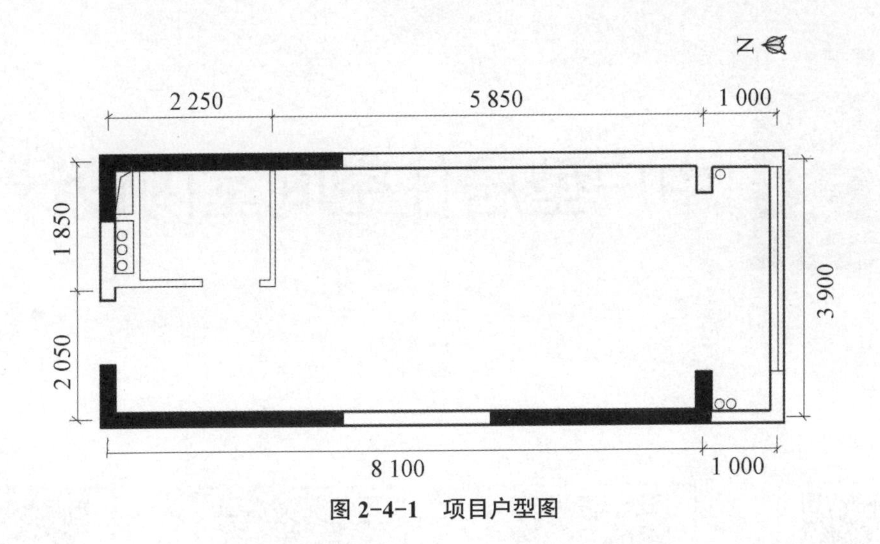

图 2-4-1 项目户型图

五、实训要求

①根据提供的公寓平面图进行设计。

②要明确主题，并贯穿整个空间。

③平面规划合理，动线合理。

④收纳空间设计充分，使用方便。

六、设计内容

①绘制多个平面布局方案草图，优选对比。

②绘制思维导图、元素提炼草图、空间草图。

③绘制分析图（功能分析图、动线分析图、色彩分析图、材料分析图）。

④设计说明 1 份。

⑤设计方案图纸（平面、天花、立面、详图）。

⑥空间效果图。

⑦空间预算 1 份。

⑧ 600 mm × 900 mm 展板 1 张。

⑨设计小结，总结设计过程中的收获与不足。

七、业主需求

PROJECT THREE

项目三 中户型居住空间室内设计

数字资源 3-1
任务一（课件）

数字资源 3-2
任务二（课件）

数字资源 3-3
任务三（课件）

数字资源 3-4
任务四（课件）

	项目一	项目二	项目三	项目四
任务说明	针对中户型的经典案例进行分析，从户型特点和居住人群的属性出发，对该户型居住空间中存在的典型设计问题和户型改造进行分析研究，使学生掌握中户型居住空间设计的方法			
知识目标	1. 了解中户型的基本规格 2. 了解中户型居住空间室内设计的概念 3. 了解中户型居住空间室内设计的特点 4. 了解中户型居住空间室内设计的方法 5. 了解中户型居住空间平面布局的思路 6. 了解中户型居住空间软装搭配的技巧			
能力目标	1. 能对中户型居住空间所面临的格局问题进行判断分析 2. 能熟练规划中户型的平面布置 3. 能针对居住人群的属性对中户型居住空间进行合理的规划改造 4. 能将装饰元素准确运用在中户型居住空间的格调及配色等方面 5. 能对中户型居住空间进行适度的软装饰设计			
工作内容	1. 学习中户型居住空间设计的重点知识 2. 完成中户型平面规划的多方案绘制 3. 完成中户型居住空间训练项目的软装方案 4. 完成图纸绘制与版式美化 5. 完成“课程报告书”及汇报			
工作流程	案例分析—接受实训任务—知识链接—自主学习—自主分析			
评价标准	1. 案例分析 30% 2. 自主学习 30% 3. 自主分析 40%			

任务一　不同类型中户型居住空间设计案例解析

中户型居住空间在普通住宅中是最常见的户型，虽然没有明确定义它的具体界限范围，但人们基本上把能够被完整划分成两居室、三居室甚至四居室的空间称为中户型居住空间。它们往往规格适中、功能空间齐备、格局简单规整，在这样的前提下，设计师要根据业主的要求及客观条件，运用物质材料、工艺技术、艺术手段，创造出功能合理、舒适美观、符合人体工程学和满足人的心理需求的内部空间，并打造出令人愉悦、使用便利、符合立项的居住环境。

一、“宝贝之家”中户型居住空间设计

设计理念：打造一座以孩子生活需求为考量的“宝贝之家”。

设计目标：2 大 1 小（幼儿）。

地理位置：中国台北。

项目性质：新房装饰。

户型面积：115 m^2。

户型形式：平层。

户型格局：3 房 2 厅 2 卫。

业主需求：以满足幼儿生活机能为出发点，厨房与客厅空间合二为一，利用桦木建材打造北欧清新风。

设计机构：Archlin Studio。

设计难点：北欧风格的准确掌握，元素应用；大片落地窗的设计亮点；营造孩子的游戏空间，满足孩子不断成长的需要；打造收纳空间，满足孩子、大人的需求。

问题引入：如何从业主的需求出发，满足幼儿生活需求？如何将空间进行灵活性划分与设计，以满足孩子不断成长的需要？北欧风格是一种简约的欧式风格，干净、清爽，如何准确地营造风格?

1. 空间设计效果解析

屋主是一对注重与孩子互动建立亲密亲子关系的夫妻，目前有生育第二胎的计划，故将小屋换成 115 m^2 公寓，并以纯净北欧风格做新屋的主要风格设定。空间宽敞，搭配大片窗户，让良好采光及屋高成为优势。设计团队 Archlin Studio 利用北欧清爽色系为基本色调，于窗框、天花板、梁柱大量使用桦木材料，打造出了一座以孩子生活需求为考量的澳客风（结合北欧设计与澳洲自然元素的风格）亲子宅，如图 3-1-1、图 3-1-2 所示。

（1）客厅设计

映入眼帘的是一整面弧形电视墙，材料使用木质，造型轻盈如纸。午后阳光由阳台轻轻洒入，光线照映出墙面的柔和，突显了弧线墙面舒适的质感。住宅拥有良好的屋高，设计团队巧妙地运用此优势，将冷气机隐藏于天花上方。天花板选用桦木作为横梁装饰，创造出仿欧式小木屋风格，此外于横梁内藏纳 LED 间接照明，让光反射至天花，显得空间更为轻盈，如图 3-1-3~ 图 3-1-6 所示。

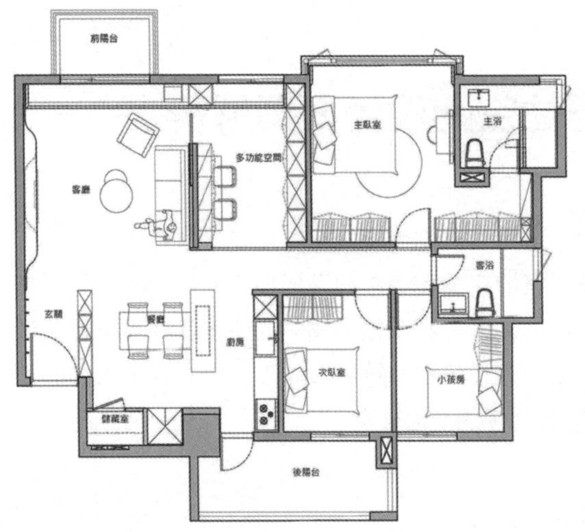

图 3-1-1 平面布置图

图 3-1-2 客厅效果

图 3-1-3 客厅曲面电视背景墙

图 3-1-4 落地窗前的休闲时光

图 3-1-5 客厅一角

图 3-1-6 客厅窗台游戏区

（2）厨房、餐厅设计

设计团队将部分墙面拆除，屋主在餐厅备餐时，可以看到开放的客厅与游戏空间，以确保孩子安全。厨房以机能性完整的中岛台为设计重点，使用灰蓝色立板结合异材质六角砖，与灰蓝色调墙及地面相呼应，形成素雅的北欧风格。中岛桌上方悬挂的黑色工业垂吊灯、酒杯柜以色调反差，给予视觉上极简又带有浓烈对比的立体效果，符合屋主所期待的现代内敛北欧风，如图 3-1-7~ 图 3-1-9 所示。

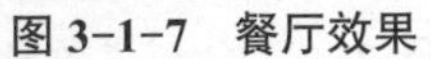

图 3-1-7　餐厅效果

图 3-1-8　厨房中岛设计

图 3-1-9　开放性设计

（3）卧室设计

卧室延续整体的北欧风格设计，主卧室也坐拥以桦木框出的窗边景致。卧房以简单机能为主，在有限的空间内仅摆放必要的家具，利落线条设计的整面橱柜，透过白色与木头色系搭配，呈现耐看简朴调性。良好的采光及动线留白规划，增加了视觉效果，使空间瞬间被“放大”，如图 3-1-10、图 3-1-11 所示。

（4）玄关设计

在开放式住宅内，利用造型格栅鞋柜巧妙隔出了业主所向往的穿透性强的玄关，一踏入屋内便能感受到空间的辽阔，如图 3-1-12、图 3-1-13 所示。

（5）浴室设计

纯白色的条形砖贴于浴室上半段，而下半段则采用仿天然食材纹路的大片瓷砖，营造了简约活泼的氛围。延用公共空间的浅色桦木做浴柜门，除了有实用的收纳功能之外，温润的材质与冷调的瓷砖结合，不但平衡了整体色系，更为冰冷的浴室注入了温润质感。墙面上挂有大片圆形镜面，背

图 3-1-10　主卧室休闲空间

图 3-1-11　主卧室墙面整体收纳空间

图 3-1-12　玄关前后对比图

图 3-1-13　玄关效果

后藏有 LED 灯，巧妙地借由两侧反射材质，形成有趣的日全食影像，使业主享有舒适沉淀身心的泡澡好时光，如图 3-1-14 所示。

图 3-1-14 浴室效果

2. 整体设计思路

（1）关于采光的分析

受面积以及空间构造的影响，玄关处并未有多大的空间可以去施展，但可供坐下换鞋的柜子将有限的玄关空间自然划分出一个舒适的人性化开放空间，既不影响餐厅的使用，又从功能上选择了恰当的方式去体现，同时，空间中家具的高低错落，增加了趣味性，活跃了空间气氛。从玄关到餐厅是一小段狭长的走廊，由于入户门的方向没有可以用来采光的窗户，设计师从整体风格色调、装饰元素等考虑，用光洁的浅色瓷砖来铺装地面，大大提高了室内的光线，与原本浅色的室内陈设匹配，更加相得益彰。

（2）设计风格和软装配饰

一个优秀的室内设计作品不能忽略任何一个能够体现并强调其风格特色的细节，但对于一个中产阶级家庭来说，实用性是空间设计的首要考虑因素。软装饰方面，无论从品类还是从数量，都要讲究适度原则，既不能为了装饰效果而摆放过多的陈设品，又不能忽视生活的情调。该案例中，洛可可风格和现代简约风格相结合，从色调、陈设品等软装饰方面，都在强调浪漫的氛围，整体造型、色彩等装饰融入得恰如其分，丰富而不烦冗，细腻而不造作。

（3）收纳规划

主要收纳区域为儿童游戏室，一贯以桦木打造大面积收纳墙，存放书籍、玩具、孩子手工作品等。另外，客厅墙面后方设有储藏室，满足放置大型推车的需求。连贯的材质运用，让空间有着一气呵成的效果，在视觉及实际层面都将活动范围扩大了，如图 3-1-15~ 图 3-1-17 所示。

（4）建材挑选

壁面以低明度色调呈现简约北欧风格，天花板、梁柱、窗框、墙面层板柜等区块选用色泽淡雅的桦木作为铺陈，随着充沛的自然光随窗入室，衬托出空间里原木建材的自然质感。客厅与厨房地面分别选用拼贴木地板及六角砖作为区块分割，利用异材质视觉效果为开放式的空间增加空间感。

（5）家具选择

简约北欧风格明确，低明度、柔和色调的家具，如米灰色沙发、普普风挂画、大理石纹金属边圆桌，以合适的比例、简洁的手法布置，营造出了闲逸慵懒的午后氛围，如图 3-1-18 所示。

图 3-1-15 客厅小收纳空间

图 3-1-16 属于孩子的小空间

图 3-1-17 收纳细节

图 3-1-18 材料及家具选择

3. 设计小贴士

对于年轻的家庭来说，居住成员有发展的可能性，对精神生活充满追求。而对于规格基本可以满足家庭成员生活需求的中户型空间设计，设计师面临的主要问题是对格局的改造，这种改造既要方便年轻人甚至是未成年人的起居习惯，又要有长足的未来观，因为这样的家庭要面临孩子的出生、成长，因此可以适当做空间上的弹性设计，让它可以随着家庭的发展变得更具实用性。以下是一些格局改造方面的建议。

对于一个普通的中户型，房屋面积和各功能空间的设置一般来说不存在太大的异议，但是出于每个人的生活习惯和喜好的不同，对空间的个别功能需求往往会有差异，如卧室中的更衣室、主卧中的浴室、家庭成员之间对卧室空间面积的需求等，下面具体来说明。

（1）更衣室

家庭成员中，对更衣室有需求的往往是女主人，有的业主希望将主卧室的空间划分出一部分供更衣、化妆等使用，据此情况，先要考量一下卧室自身的面积大小是否够用，是否会影响卧室的一般活动，如若空间不够，则需要借用卧室以外的空间，如果是具有一定规模的更衣室，则要考虑是否需要在更衣室靠近过道或者客厅的外侧墙壁开一个独立的入口，以满足便捷的行走动线。

（2）卫浴空间

在卧室中并入卫浴空间一般出于两点考虑：一是业主平日生活中家庭成员相对固定、单一，如果该户型有两个以上卫生间，可以考虑将临近主卧的其中一个合并进来，增加浴池和干湿分离功能，保护隐私的同时让空间变得更加宽敞；二是卧室中居住着行动不便的老人，在卧室中安置专用的卫浴空间可以方便老人的起居生活。从隐私心理和健康角度考虑，卫浴空间的开门处尽量不要对着卧室中的床，如图 3-1-19 所示。

（3）儿童房

对于年轻成员组成的家庭来说，孩子的成长总是让固有的空间面临着诸多变化，比如多个孩子的家庭中每个孩子对私人空间有独立的需求，以及在这种需求中还会有日益增加的储物需求，这种情况可以考虑利用隔断墙、书桌、柜体等在房间里形成开放式隔断，将空间横向分割。如果空间不够大，分割起来影响实用性和美观性，则可以考虑利用立体空间，进行纵向分割，并将纵向分割出来的床铺、柜体，甚至楼梯都利用起来，形成储物空间，如图 3-1-20、图 3-1-21 所示。

资料来源：设计之家 http://www.sj33.cn/architecture/jzhsj/zxxs/201 710/48 054.html

二、“夕阳之家”中户型居住空间设计

设计理念：拥有强大收纳功能的弹性空间。

设计目标：子孙满堂的独居老人。

图 3-1-19 干湿分离

图 3-1-20 儿童房书桌与睡眠区域

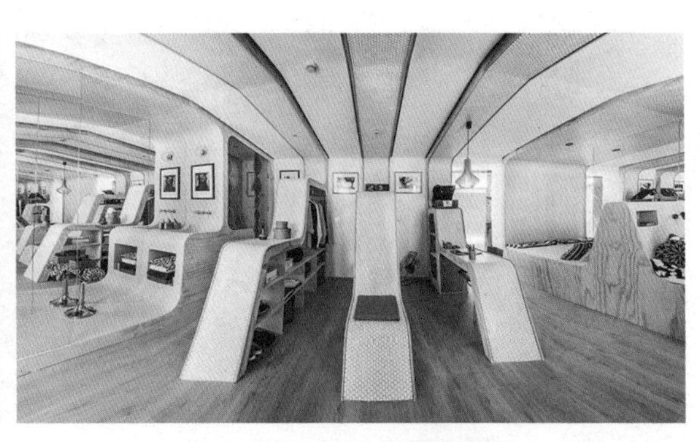

图 3-1-21 儿童房整体效果

户型面积：119 m^2。

设计公司：L'atelier Fantasia 缤纷设计。

设计师：江欣宜 Idan。

设计难点：旧房翻新；适应长期独居的老人和偶尔回来居住的儿孙；增大储物面积。

问题引入：在有限的空间内增大储物面积，是"夕阳之家"设计时所要面临的重点问题，需要考虑：如何利用房屋结构进行改造，让整个空间拥有超强的收纳系统？对于居住人群不甚稳定的空间，如何进行弹性设计？

本案例中，这间承载家庭回忆的四十年老宅凝聚着祖孙三代的憧憬，独居多年的爷爷虽然住在热闹的台北忠孝东路，但屋内的老旧与凌乱对照门外的繁华，显得格格不入。为了迎接每年寒暑假都会回来探亲的儿孙们，爷爷与远在美国的儿子下定决心，希望设计师为他们规划一个合适的空间。

一般老旧房子会有的问题，在此几乎都出现了（图 3-1-22~ 图 3-1-24）。设计师将采取整体改造的模式，整顿漏水、采光不良等问题，再以古典融合现代的设计风格，让空间展现优雅的面孔。

1. 空间设计效果

经过整体改造，空间的功能性被明确分配，如图 3-1-25 所示。

客厅的位置没有做任何更动，旧式的木作装潢，优雅沉稳的线条，搭配温和的米白色、浅灰色与深色系家具，营造出了厚重感与时尚感相互协调的空间。采用当代风格的家居陈设活跃了空间，使人心情舒畅，如图 3-1-26、图 3-1-27 所示。

图 3-1-22 客厅改造前

图 3-1-23 卧室改造前

图 3-1-24 厨房改造前

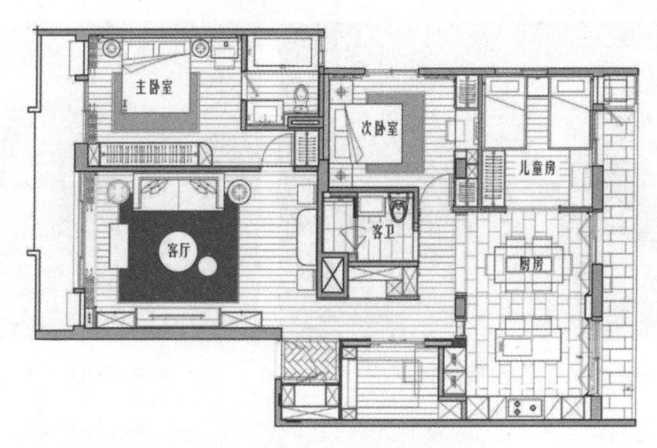

图 3-1-25　项目平面图

图 3-1-26　客厅效果

图 3-1-27　电视背景墙

再传统不过的老厨房，囤积了四十多年的煎煮炒炸痕迹，让人很难再在这里施展任何厨艺，而且杂乱无章的收纳空间也令人退避三舍。改造后的厨房明亮整洁，特别以整排的木百叶遮住老旧的门窗框，同时迎进令人愉悦的自然光，环绕动线的一字形的中岛，搭配轻透性高的透明单椅与水晶灯赋予空间更大弹性，以线条与颜色美化厨房，并将厨房处理成开放式，可以供一家人互动，让一家人共享美味，如图 3-1-28、图 3-1-29 所示。

本案例中老屋翻修基本上没有更动格局，原本的主卧室空间就这么大，窗户虽然不小，房间依然不够明亮。设计师在床头背板做了照明框，利用光线放大空间感，同时有加强亮度的效果。入口处以圆弧形收纳展示柜导引动线，也让人有房间变大了的错觉，如图 3-1-30 所示。

儿童房设计更加突出舒适与安全，必要的设施一应俱全，完全能够满足居住时间较短暂的孩子们的需要，如图 3-1-31 所示。

这是一个多用型的弹性空间，房间一侧的桌板与另一侧的双人床都可以在必要的时候隐藏或放下使用，这为来独居老人家中探望的亲人长时逗留提供了更大可能性，如图 3-1-32、图 3-1-33 所示。

图 3-1-28　开放式厨房

图 3-1-29　餐厅效果

图 3-1-30　主卧室效果

图 3-1-31 儿童房效果

图 3-1-32 弹性空间可做书房

图 3-1-33 弹性空间可做卧室

对于拥有悠久历史的老宅和一个耄耋老人来说，一定有许多满载记忆的物品是舍弃不掉的，设计师在改造时十分注重收纳空间的打造，可以看到，布满房间各个角落的，是大大小小的各种储物柜，这样一来，房间看起来整洁、清爽，住在里边身心愉快，为生活提供了许多便捷，如图 3-1-34~图 3-1-36 所示。

图 3-1-34 厨房收纳空间

图 3-1-35 墙面收纳柜

图 3-1-36 卫浴间收纳空间

2. 整体设计思路

（1）弹性空间的设计

对于子孙满堂的独居老人来说，方便亲人的来访这样的重任就落在了居室空间的布局设计上。从平面图中可以看到，邻近大门入口处有个小空间，曾经被当作餐厅使用。改造后由于已经有了宽敞的餐厨空间供家人互动，于是将这个弹性空间隔成书房使用。但同时墙壁上藏着玄机，只要书桌合起来，就能从中拉出一张双人床，不必担心访客留宿问题。

（2）主卧与客厅的空间大小规划分析

如果说年轻人更注重娱乐性，更愿意扩大公共区域的面积，那么老年人更重视用来休息的私密空间，因此在格局的整理上，不但要注意为老人起居方便而并入卧室的卫浴间这个细节，也要注意主卧与客厅之间的面积分割问题。当然，从人的心理方面考虑，卧室并不是越大越好，在满足客厅的一般规格的情况下，卧室适度扩大，一是有利于满足使用者的睡眠需求，二是方便了老人近身之物的收纳。

3. 设计小贴士

（1）增加柜体数量

增大储物柜的数量一般不会让空间显得狭小，反而房间内过多的物品裸露在外会导致房间看起来凌乱、不规整、缺乏规划。除了打造并有效利用衣帽间以外，在房间里多设置整面墙的柜子，可以大大提升立体空间的利用率，使空间格局更加规整。

（2）做地台

客厅在整个居室中有着举足轻重的作用，往往也是增加收纳空间的重点区域，但是如果客厅面积有限，功能区域使用不便，可以考虑利用立体空间，即在客厅的部分区域做地台，抬高部分地面（如榻榻米），这样既优化了格局，为居室带来了大量的储物空间，又能增加空间的层次感。

（3）利用飘窗

卧室中缺乏储物面积，不但会造成使用面积的浪费，更容易使空间凌乱，如果卧室中有飘窗，可以尽量利用飘窗的窗台，将其做成储物柜的形式，既能解决对收纳的需求，又能成为房间中一道满足小憩的亮点。

（4）利用楼梯

中户型居住空间中有时会遇到复式结构或者举架较高而设置双层床的情况，如遇到这种情况，不妨在楼梯处增加收纳空间，这样，在不占用其他空间的同时，又增加了已有空间的利用率，如图 3-1-37~ 图 3-1-39 所示。

资料来源：设计之家 http://www.sj33.cn/architecture/jzhsj/zxxs/201710/48054.html

图 3-1-37　楼梯踏步收纳

图 3-1-38　楼梯侧面收纳空间

图 3-1-39　楼梯收纳空间

任务二　中户型居住空间设计方法与思考

一、畸零空间的有效利用

布局中一般最容易利用的是方方正正的空间，但是总会遇到各种不规整的空间，比如L形空间、多边形空间、弧形空间，或者零零散散的角落等，对其进行设计利用，总结以下方法供参考。

①改变墙体、门窗等的位置和方向，减少一些L形、多边形等难以利用的空间，比如L形卧室，无论是使用上还是视觉上总是显得不那么称心如意，这时要视房间的面积大小以及隔壁空间的居住情况，可以选择延长或者缩短卧室的墙面，使房间变得规整。

②在设计中遇到难以有效利用的空间时，尽量用直角和直线找齐，这种找齐的方式可以是打造柜类等储物空间，比如凸出来的柱垛墙壁，以及顶层逐渐倾斜向下的屋顶导致的低矮墙面等，都给人带来不良的视觉体验，造成了使用中的不适感，利用造型柜找平墙面，方便了家具的摆放，既不浪费畸零空间，又可以从外观上使空间趋于规整，如图 3-2-1、图 3-2-2 所示。

③如果碰到建筑外观整体为斜度较大的不规整墙面，可以采取改变内部隔断墙的角度，在室内环境中加以修正墙体和墙体之间的角度，让大多数房间的墙面间的角度成直角，从视觉上将夹角拉正，使空间规整到适合大多数家具摆放。

④利用不规整的空间做有特色的设计。比如弧形的室内阳台，可以直接沿墙体做成卧榻、坐凳、花架等，如图 3-2-3 所示。

图 3-2-1 卫浴间尖角利用

图 3-2-2 斜面墙面的收纳柜设计

图 3-2-3 利用小空间设计的休闲空间

二、客厅与餐厅的“爱恨情仇”

较为规整的中户型居住空间中，客厅与餐厅原本是两个遥相呼应、独立又开放的功能空间，它们的风格元素和色彩搭配相对整体、统一，在家具陈设、色调和光源的冷暖、位置、朝向、面积大小等方面略有区分，绝大多数的居住空间中，将靠近厨房的开放型区域设定为餐厅，而将拥有良好采光、较宽敞的开放型空间设定为客厅。

但是有的户型结构并不能让客厅与餐厅达成一字形排列的两个空间，这使得家庭成员不仅在行动上感到不畅，还影响采光，比如呈现 L 形排列的客厅与餐厅，餐厅的采光往往被拐角处的墙壁遮挡。在空间允许的情况下，不妨将客厅的墙壁后移，或者将拐角处的墙壁打造为玻璃材质的，这样无论从视野或是采光方面来看都显得通透了许多，如图 3-2-4 所示。

图 3-2-4 客厅与餐厅的 L 形布局（成都梵之设计）

三、餐厨空间的开放式与封闭式设定问题

中户型居住空间由于其面积相对宽裕会打造独立的餐厨空间，但为了使空间显得更加宽敞，开放式餐厨空间是一种更好的选择。

在选择开放式还是封闭式餐厨空间之前，首先要与业主进行有效沟通，确定他们的生活习惯和喜好，并认真研究户型结构，确定单从格局上来看是否必须选择哪一种形式的餐厨空间。如果厨房空间过于狭长、采光不足、通风不畅，或者家庭生活中有大量的餐厨用品需要使用和摆放，那么就要设计成开放式的。如果厨房的空间足够大，家庭成员对饮食的选择也存在多样化，还可以考虑设计开放式与封闭式并存的。

开放式餐厨空间可以利用岛台、吧台等实体家具，或者地面、天花造型材质变化等进行厨房与餐厅的开放式划分，让餐厨空间融通却具有相对的界线；封闭式餐厨空间也要采用通透式墙面设计，例如，采用玻璃隔断、镜面等材质，使空间隔而不断，通而不乱，在保证私密性、独立性的前提下，也形成了整体化设计，如图 3-2-5、图 3-2-6 所示。

图 3-2-5　封装式厨房

图 3-2-6　开放式厨房

数字资源 3-2-1
设计师讲堂——曹琳住宅装饰装修设计提案（上）（郭亘）

数字资源 3-2-2
设计师讲堂——曹琳住宅装饰装修设计提案（下）（郭亘）

任务三　课外拓展

中户型居住空间可以通过一些技巧来改善空间感。从视觉角度提升空间感，会使居室变得更加宽敞明亮。

首先，如果想要在视觉上改善空间感，由于墙面控制着室内面积，人们的视觉焦点也会第一时间落在墙面上，所以墙面的设计尤为重要。中户型空间面积以 90~120 m^2 为主，墙面设计不好会导致空间的局限性存在。能改善墙面设计的最有效的要素就是色彩，墙面色彩的选择与搭配在很大程度上影响设计的整体效果。纯度较高、色相较深的颜色容易使人产生压抑感，运用难度高，纯白似乎又略显单调，因此可选择纯度较低、亮度较高的色彩，帮助提升环境的空间感和明亮度，如图 3-3-1、图 3-3-2 所示。

其次，灯光效果也起着重要的作用，可以利用局部照明。若灯光过于明亮，容易使房间氛围变得压抑，因此，最好将光源分布在不同的区域或者用散光照明，这样可以使房间更觉温馨，如图 3-3-3 所示。

再次，要充分利用室内空间进行合理的布置，既要满足人们的生活需要，也要使室内不致产生杂乱感。中户型居住空间的设计通常以实用、合理为原则来布置功能分区，然后利用相互渗透的空间增加室内的层次感，达到丰富空间效果的目的。

最后，中户型空间不宜选择造型繁复的家具，而应选用造型简单、质感轻的家具，尤其是那些可随意组合、拆装、收纳的家具，既可满足休息的需要，同时也可以更大化地增加收纳空间，如图 3-3-4 所示。

图 3-3-1　高纯度、深色客厅空间
（北岩设计作品）

图 3-3-2　低纯度、高亮度客厅空间
（寓子设计作品）

图 3-3-3 客厅灯光设计（兆石设计作品）

图 3-3-4 多功能家具使用

数字资源 3-3-1
大师风采——赖亚楠

数字资源 3-3-2
大师风采——凌宗涌

数字资源 3-3-3
学生优秀作品赏析——《微沁》（左君宜 张钰 指导教师：张洪双）

数字资源 3-3-4
学生优秀作品赏析——《栀虞》（贾凤至 张晓彤 指导教师：张洪双）

任务四 实训项目

一、实训题目

我的未来——新婚空间

二、完成形式

以 2~4 人为小组共同完成，团队合作。

三、实训目标

①掌握中户型空间布局的思路与方法。
②掌握中户型空间合理改造的方法与技巧。
③掌握中户型空间的风格化设计技巧。
④掌握中户型各空间配色的原则。

四、实训内容

如图 3-4-1 所示，135 m^2，三居室住宅空间，需进行室内设计。

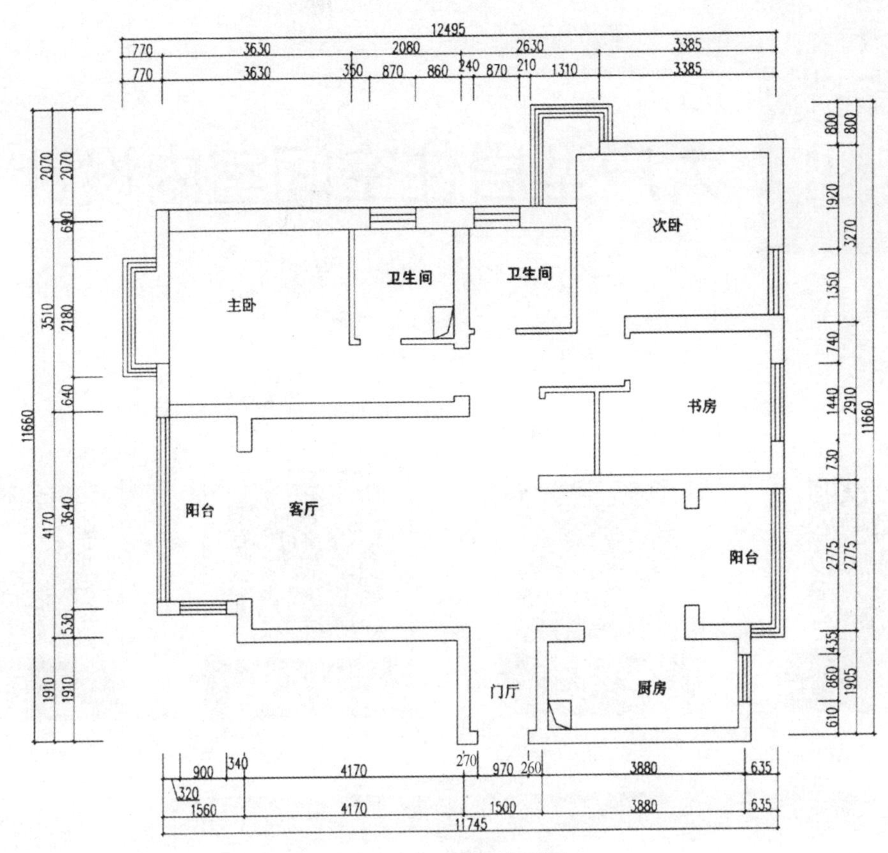

图 3-4-1　项目户型图

五、实训要求

①设计目标为适应中年夫妇和一个孩子共同居住。

②根据户型结构进行平面布局安排和适当的改造。

③平面规划合理，动线合理。

④整体风格统一，并进行适当的软装饰设计。

六、设计内容

①绘制规划改造后的平面布置图，布局合理、功能齐全、动线流畅。

②绘制思维导图、元素提炼草图、空间草图。

③绘制分析图（功能分析图、动线分析图、色彩分析图、材料分析图）。

④设计说明 1 份。

⑤设计方案图纸（平面、天花、立面、详图）。

⑥空间效果图。

⑦空间预算 1 份。

⑧ 600 mm × 900 mm 展板 1~2 张。

⑨设计小结，总结方案规划和改造中的思维过程和设计精髓。

七、业主需求

PROJECT FOUR

项目四 大户型居住空间室内设计

数字资源 4-1
任务一（课件）

数字资源 4-2
任务二（课件）

数字资源 4-3
任务三（课件）

数字资源 4-4
任务四（课件）

	项目一	项目二	项目三	项目四
任务说明	针对大户型居住空间经典案例、前沿设计进行分析，提出设计技巧与设计重难点；通过训练任务让学生在学做一体的过程中完成知识的迁移，掌握大户型居住空间设计的方法、技巧			
知识目标	1. 了解大户型居住空间面积范围 2. 了解大户型居住空间室内设计的概念 3. 了解大户型居住空间室内设计的特点 4. 了解大户型居住空间室内设计的技巧 5. 了解大户型居住空间室内设计的方法 6. 了解大户型居住空间室内设计的思路 7. 了解大户型居住空间室内设计的空间组织 8. 了解大户型居住空间室内设计的色彩搭配 9. 了解大户型居住空间室内设计的界面设计 10. 了解大户型居住空间室内设计的软装搭配技巧			
能力目标	1. 能通过经典案例分析评断设计的优缺点 2. 能合理地进行大户型平面布置图的绘制 3. 能正确地利用所学知识进行空间的合理化分隔 4. 能正确地进行空间的色彩搭配 5. 能依据空间布局选择合适的家具 6. 能巧妙地运用材质进行空间潜在划分 7. 能巧妙地运用软装进行空间优化 8. 能熟练掌握与使用最优化大户型空间设计的方法与技巧			
工作内容	1. 学习大户型居住空间室内设计的重点与难点 2. 完成大户型居住空间室内设计的空间多方案规划 3. 完成大户型居住空间室内设计实训项目 4. 完成大户型居住空间室内设计实训项目的软装方案 5. 完成图纸绘制与展板设计 6. 完成“课程报告书”及汇报			

续表

	项目一	项目二	项目三	项目四
工作流程	案例分析—技巧及方法学习—知识链接—实训任务—自主学习—自主分析			
评价标准	1. 案例对比与解析 20% 2. 自主学习 20% 3. 自主分析 20% 4. 实训项目设计 40%			

任务一　不同类型大户型居住空间设计案例解析

通常居住空间的面积在 120 m^2 以上的户型都可以称为大户型，大户型居住空间的一般使用年限较长，居住人口可从“三口之家”到“三代同堂”。

大户型的户型形式多样，普通套型有三室两厅、四室两厅，还有错层式、跃进式、复式和半复式等户型形式。由于大户型的建筑面积相对充裕，在布局上可以依据不同人的需求划分较多的功能区域，也可以增加收纳空间、游戏空间等附加空间满足人们的日常生活需求。各功能区域可以利用不同的分隔形成独立或开放空间，但无论如何，各功能空间之间都会互相融合，又相对独立。这听上去很矛盾，却是“以人为本”原则的最真实体现。

本项目通过对大户型居住空间经典案例的解析，来归纳大户型的类型、设计技巧与设计方法，让同学们可以更直观地学习大户型居住空间设计。

一、“亲子宅”大户型居住空间设计

设计理念：开放、日光、轻松、惬意。

设计目标：2 大 2 小 3 小猫。

地理位置：中国新北。

项目性质：20 年中古屋改造。

项目屋龄：20 年。

户型面积：165 m^2。

户型形式：跃层。

户型格局：3 室 2 厅 2 卫。

业主需求：热爱料理的女主人希望能有机能充足的开放式厨房；因为有许多 LE CREUSET 铸铁锅，因此厨房收纳机能一定要够大；20 年老屋外墙出现漏水问题急需解决；很喜欢邀请亲朋好友来家里，希望餐桌可以依照需求调整。

设计机构：曾建豪建筑师事务所。

设计难点：如何利用有限的厨房空间进行大容量的收纳设计？由于受到楼梯的限制，如何处理客厅区域的视听问题？如何应对两个孩子不断成长对学习、活动、游戏空间需要的不断改变？如何进行空间的细节设计，以满足大人、孩子的需要？如何将两层空间进行连接？是否可以将本来完全隔绝的空间进行一定的融合？

问题引入：如何对两层空间进行有序划分，才可以更好地满足一个家庭以及其所有成员的需求？这个户型有什么优缺点（图 4-1-1）？考虑所有家庭成员的日常生活模式与行为模式，考虑如何更好

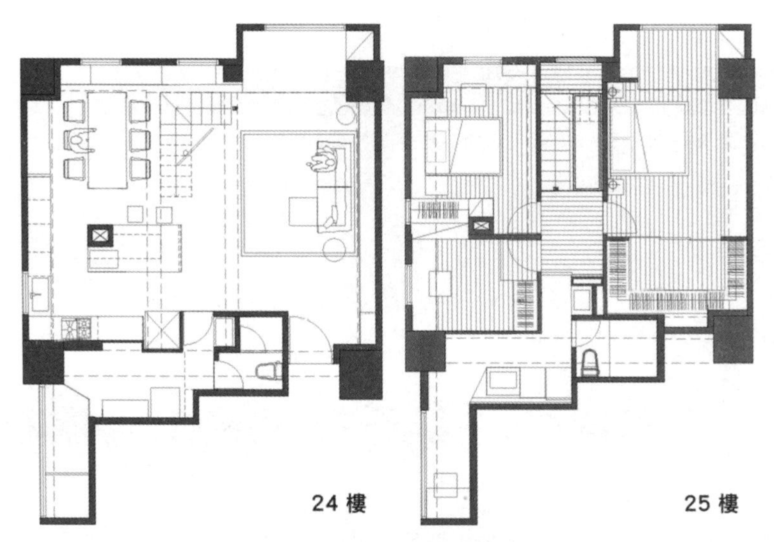

图 4-1-1 方案平面布置图

地进行细节处理？既然以开放式为设计理念，空间分隔形式要如何处理，才能恰到好处？

1. 空间设计效果及解析

（1）客厅设计

区别于传统隔间规划，将电视利用可旋转铁柱，安装在楼梯位置，无论在家中何处都能观赏。沙发选择舒适实用的订制款式，借由灰紫色系达到稳定视觉的效果，不靠墙的规划让后方墙面成为大面积收纳柜，让生活物品有更多地方得以摆放，如图 4-1-2、图 4-1-3 所示。

（2）厨房设计

这次改造的重心便是女主人心心念念的厨房区域，一改原先角落紧闭的状态，通过开放规划，与客厅、餐厅串联展开，毕竟相当爱下厨的女主人，不希望因为料理而牺牲和家人互动的时光。翻新过后的厨房，考虑大梁问题，透过 L 形料理台面与长达 245 cm 的中岛搭配，减少了动线不便的问题，而下方皆是收纳空间，再加上开放式吊柜，完全不必担心料理道具太多的问题。另外，增添智能家电，包括 ASKO 洗碗机和烘碗机、MIELE 烤箱和蒸炉，完全能满足爱下厨的女主人的需要。同时由于清洁因素，选择日本系统厨房 Takara Standard 珐琅制系列，脏污只要以湿布擦拭即可，再加上装设两台抽油烟机，更不容易染上油烟，如图 4-1-4~ 图 4-1-7 所示。

（3）餐厅设计

由于时常邀请亲朋好友来家做客，紧邻中岛区域的餐厅，安排在靠近窗户采光极佳的位置，放置可随需求延伸成 160 cm、210 cm、260 cm 三种尺寸的木质长桌，后方则设有备餐餐柜，摆放不下的餐盘也能挪移到柜体上，更加便于使用，如图 4-1-8、图 4-1-9 所示。

设计的一个特别之处在于，窗户旁边增加了订制长桌，成为孩子的阅读区，方便了妈妈做料理时就近照看，如图 4-1-10 所示。

图 4-1-2 客厅效果

图 4-1-3 电视墙设计效果

图 4-1-4　中岛设计

图 4-1-5　厨房动线设计

图 4-1-6　厨房收纳设计

图 4-1-7　L 形料理台

图 4-1-8　餐桌、备餐柜设置

图 4-1-9　中岛收纳设计

图 4-1-10　订制书桌、阅读区

（4）卧榻设计

为了营造一个轻松、温馨的生活氛围，设计师创造了一个可以随时做日光浴的室内平台，成了设计的一大亮点。平台靠近窗户，先是以白色折叠式木百叶门片达到保护隐私与光线调整的要求，全开时可欣赏到窗外景色，再加装木地板与摆放“懒骨头”，让屋主一家人得以慵懒地躺在上头阅读或休憩，这块采光最好的区域，也可以成为孩子游戏的场所，不会让孩子的成长受到限制，如图 4-1-11、图 4-1-12 所示。

（5）主卧设计

主卧室选择现成家具搭配布置，墙面涂刷灰色油漆，增加舒眠氛围。而专属卧室的窗边小区域，加上一张舒适单椅，成为最温暖的阅读角落，并且透过可折叠白色木百叶，随需求选择隐私遮蔽，方便夜晚看夜景也同时能满足白天的良好采光，如图 4-1-13、图 4-1-14 所示。

图 4-1-11 卧榻效果

图 4-1-12 开放的休闲空间

图 4-1-13 卧室小细节效果

图 4-1-14 卧室的专属阅读角

（6）洗衣房设计

利用原本后阳台区域顺势规划成欧式风格的洗衣房，仍旧保有晒衣空间可自由运用，并规划手洗衣物的洗衣台，以及洗衣机和烘衣机作业区，即便下雨天也不怕衣服晾不干。地板则使用人字拼贴木纹砖，接续室内木地板的温润视觉，如图 4-1-15 所示。

图 4-1-15 洗衣房效果

2. 整体设计思路

（1）空间收纳规划

先前提到女主人相当爱下厨，因此拥有大量 LE CREUSET 铸铁锅，加上平日料理干货与猫咪食粮，除了利用厨房区域和中岛位置增加收纳抽屉外，额外在厨房后方增设独立储藏室，里头不但可以完整收放料理干货、日用品和大型家电，甚至规划猫咪跳台区，让猫咪不想见客时，还有自己的私密空间，如图 4-1-16~ 图 4-1-18 所示。

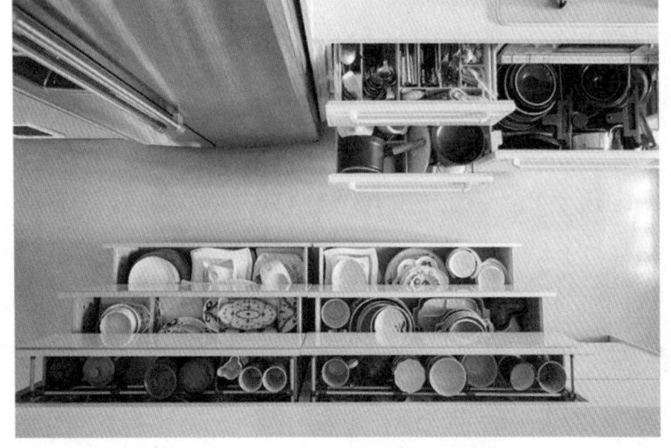

图 4-1-16 收纳柜设计

图 4-1-17 墙面收纳柜设计

图 4-1-18 猫咪的家

（2）空间动线规划

串联跃层的中介楼梯，设计师拆除原本厚重原木结构，通过黑铁搭配木头设计踩踏板，创造轻盈且可穿透的视觉维度，如图 4-1-19、图 4-1-20 所示。另外考虑到光线问题，在卧室前方的走道，采用 1 + 1 的双层胶合玻璃创造空桥，增加光线穿透性，并且加装软垫片，就算因为地震爆裂碎片也不会散落满地，完美地将两层空间融通了。融通之后，这里成为 3 只猫咪最爱前往的发呆地，一上楼便可看到它们圆滚滚的肚子，让人感觉温馨极了，如图 4-1-21 所示。

（3）建材挑选

通过楼地板面积划分公私使用区域，楼下全室铺设优质花岗石，强调无缝，又好清理，一路延伸至餐厅厨房区域。而楼上卧室空间，则通过木地板创造温暖感觉，即便冬天到来，踩踏在地面上也依旧温暖，如图 4-1-22 所示。

（4）家具配置

呼应白色简约北欧风格空间配置，屋主挑选的家具也呈现出线条简单的特色，色系则为轻柔缤纷的彩色，以好看又舒适为重点，只有客厅选择灰紫色订制款沙发，成为视觉主角。

（5）色彩计划

为了让自然光景以柔和方式呈现，空间本身以白色为主，仅在入口玄关处运用草地绿油漆点缀森林氛围，使整体空间感受加倍舒适明亮。再者因为女主人本身喜欢购买各色系铸铁锅，已为空间带来热闹生活氛围，在白色立面与灰色优质花岗石地面简约质感衬托下，体现出舒适却不失单调的气息，如图 4-1-23 所示。

资料来源：设计之家 http://www.sj33.cn/architecture/jzhsj/zxxs/201710/48054.html

3. 设计小贴士

（1）大户型“亲子宅”的定位

大户型“亲子宅”基本是 3 室 2 厅 2 卫，户型在 120 m^2 以上，居住人口通常是 3~5 人，有大有小。

定位人群多是中高等收入、高学历的年轻人，多为二次置业来改善原有生活环境，或由于人口增加面积紧张而进行更换。这类人群具有较高的素质，注重生活的舒适性与个性，注重生活的品位。

图 4-1-19　楼梯拆除前后情况

图 4-1-20　楼梯效果

图 4-1-21　楼梯上的玻璃通透效果

图 4-1-22　建材的选择与应用

图 4-1-23　家具配置及色彩计划

（2）大户型“亲子宅”的设计需求与理念

除了满足基本的日常生活使用要求外，更重要的是要考虑家中小孩子的安全使用性，以及随着孩子年龄的不断增长对生活、学习、活动空间要求的不断变化，对空间的“随变性”与家具等各方面的“更新性”提出了多方面要求。大户型由于其空间的多功能性，要求其动线设计一定要简洁：当多个人同时在不同房间和不同区域间穿插活动时，或孩子在空间奔跑嬉戏时，相互间的影响越小越好。各个区域能有明确分布，不叠加功能、互不干扰，这种私密性也是选大户型居住空间的家庭看重的因素。另外，私密性的标准之一是陌生人站在门外时，看不到房间里任何一个区域。

（3）设计妙招

①巧用玄关隔断。户型客厅面积 25~30 m^2，很让人烦恼不知道该如何利用空间，才能让空间显得不空旷且有气质。

方案一：入户门正对客厅落地窗，但并没有正对沙发，入户可以看到沙发的侧面，对整个空间一览无余，但由于是跃层空间，一层全部区域为公共区域，对私密性的要求较低，出于业主的好客与对空间的开放性要求，所以设计师没有设置玄关。任何设计都有利有弊，开放有余但却让整个空间暴露无遗，同时也会有穿堂风的弊端。

方案二：由于是平层户型，户型设计紧凑，动静分区合理。由于大门正对客厅，设计师在入户处设计了独立门厅，弥补了原来进门后对起居室一览无余的缺点，精心设计的玄关衣帽柜可以进行功能分类，简单不单调，也弥补了方案一的很多不足之处，增加了空间的私密性，截断了使人不适的穿堂风，又避免了外界对空间的窥视。

重点：学会巧用玄关进行合理划分空间，注意整个客厅空间的和谐统一，在实用基础上适当做一些造型以提升空间品质。

②越来越隐藏的收纳空间。空间再大也难满足收纳的全部需求，由于孩子的成长会产生很多的物品，以及生活本身就会不停地进行物品的积攒，如何让收纳空间最大化，是每一个方案的设计难题，也是设计要点。

客厅的沙发背景墙、卧室背景墙利用隐蔽性较强的系统柜配合相应的装饰细节，具有了强大的收纳功能。

有限的空间限定了收纳空间的大小与形式，但我们仍然可以巧妙地将收纳空间不断放大。例如，可以向上要空间，让收纳不仅仅局限于传统的衣柜、墙面柜和独立的收纳空间。向上要空间，采用吊柜、隔板；向下要空间利用地台、榻榻米、床下空间；向角落要空间，楼梯下方的隐藏性空间，如图 4-1-24~ 图 4-1-26 所示。

图 4-1-24 楼梯下收纳

图 4-1-25 地台收纳

图 4-1-26 楼梯上收纳

重点：学会巧妙地对空间的各个界面进行设计，强大的收纳功能会使空间显得整洁、干净。

③跃层平面布局要点。跃层的设计在平面布局和空间布局中有着许多需要注意的地方。首先，在平面布局方面，客厅、卫浴、厨房、餐厅等公共空间一定集中在一层进行布置，卧室、书房等私密性较强的空间设置在二层，这样的空间布局更加合理。

重点：学会合理地进行空间的平面布局，满足对外、对内的不同需求，让生活更方便。

④窗边的小情调。实木地板、落地窗、舒适的休闲椅、一盆花、一个书架、柔和的阳光、一杯咖啡会让窗边的角落让人忍不住驻足，或者我们在明亮的窗边，随意地放上几个抱枕，一个有情调的“亲子空间”就出现了，让生活充满惬意，让亲子感情升华。

重点：学会生活，学会享受，学会用最简单的装饰和技巧来营造一个最舒适的小情调空间。

⑤营造能发挥儿童想象力的空间。儿童天生的想象力和创造性是不可忽视的，想营造可以让儿童发挥想象力的空间，有很多种方式。一张地图图案的地毯，既可爱又能玩游戏；一面特色的黑板漆墙面，可以让孩子的想象力、创意无限发挥，又充满了趣味性；一面可以随意展示孩子作品的墙面，可以让孩子更加自信，有利于孩子的身心健康。其实这部分如何设计，也是一种想象力的表现，没有固定的模式，如图 4-1-27、图 4-1-28 所示。

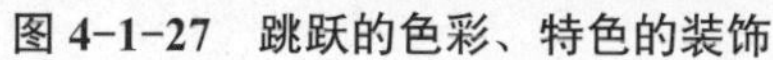

图 4-1-27 跳跃的色彩、特色的装饰

图 4-1-28 创意黑板漆

重点：学会换位思考，体会儿童的心理，用无限的创意营造一个属于孩子的天地。

二、“三代同堂”大户型居住空间设计

设计理念：来自时光的礼物，用最纯粹的设计营造对过去生活的回忆与面对新生活的渴望。

设计目标：三代同堂，3 大 1 小。

地理位置：中国台北。

项目性质：旧屋改造。

项目屋龄：35 年。

户型面积：132 ㎡。

户型格局：3 房 2 厅 2 卫。

业主需求：充足收纳空间，通透采光，无障碍空间。

设计机构：构设计。

设计难点：如何在有限的空间中更多地进行收纳功能的设计，保证三代人的储物需求？如何满足三代人不同的功能需求？如何迎合三代人的审美观？如何进行空间的障碍性设计？

问题引入：在相对宽裕的空间中要想保证三代人的基本生活需求，相对比较简单，但要如何更好地最大化空间设计，需要思考以下问题：这个户型有什么优缺点（图 4-1-29）？“三代同堂”老人、中年人、幼儿的日常生活模式是什么样的，有什么行为模式？各功能空间如何分隔，如何更好地营造空间的私密性与融通性？无障碍设计要如何融入整体设计中，才能不影响设计的整体性？如何调配设计的整体风格？

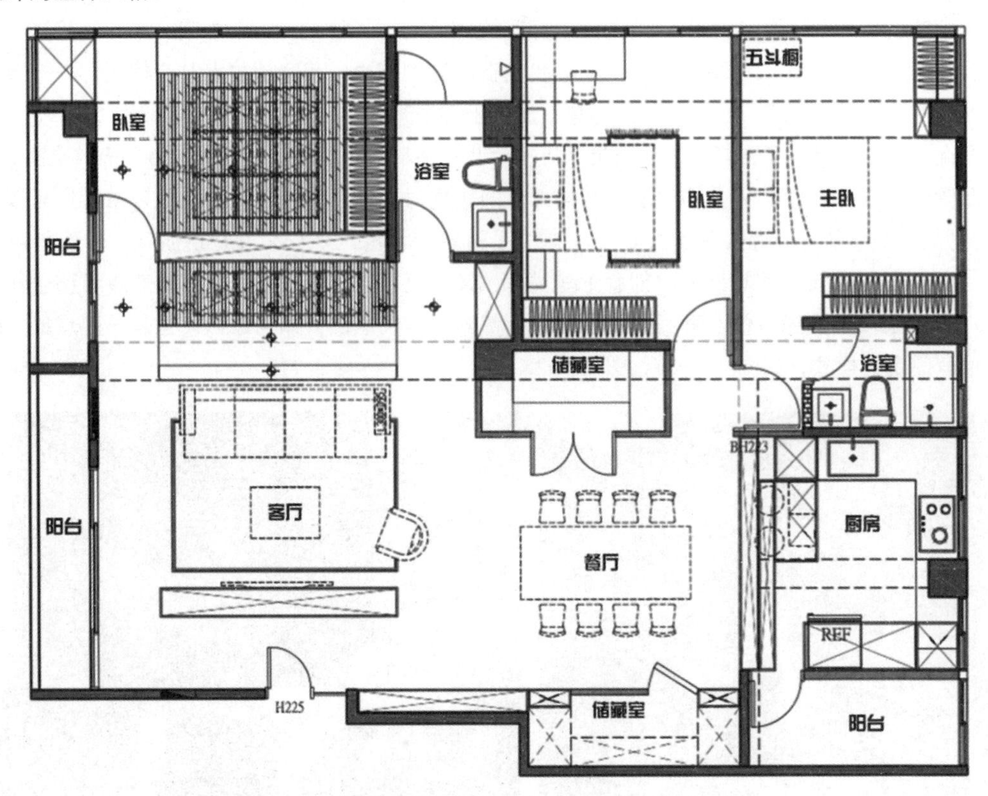

图 4-1-29 方案平面布置图

1. 空间设计效果及解析

家是来自时光的礼物，居住 30 年的老房子，有着三代同堂共同的点滴回忆。本案例由构设计为其翻新，无多余浮华的点缀装饰，用最纯粹、真挚的设计，营造出最放松的休憩区域。不同材质的空间材料以线条、几何形态，展现出各个场域的鲜明意义。玄关、书房、餐厅利用具有回廊效果的双动线，打造出采光明亮、动线流畅的效果。室内三个大储藏室，收纳着家的传承与满满的共同回忆。巧妙的收纳空间不仅把家的效能发挥得比想象中大，更是孩子的游戏场。

2. 各功能空间设计

（1）客厅设计

整面落地窗带来自然光线，白色烤漆电视墙搭配温暖木地板，让开放式空间中充满放松气息，加上入口处电视墙具有双面机能，另一面同时是鞋柜，这是设计中的一大亮点，营造了不一样的家居氛围，如图 4-1-30 所示，双动线设计，家人可随着动线随意移动，小孩也多了自在的游戏空间。此外，屋主希望将天花板化作真实天空，因此用浅蓝色设计，清新活泼，如图 4-1-31 所示。

（2）书房设计

为增加屋内采光，设计师将原本客厅落地窗延伸至书房，增加日光面积。书房刻意设计成开放式区域，阅读、使用计算机时方便和在客厅看电视的家人互动，如图 4-1-32 所示，两个空间用水泥板区隔，添加木系元素与后方木作柜体相互呼应。镂空房屋造型能放置相框、植栽等展示物品，如图 4-1-33、图 4-1-34 所示。另外，地板也妙藏玄机，隐藏式收纳空间，再也不用烦恼行李箱无处摆放。

（3）餐厨空间设计

原餐厨空间中缺少储物空间，杂乱无章；空间整体过暗，导致空间压抑，影响人的就餐心情。改造时将女主人平时喜爱烘焙的因素考虑进去，因此将厨房重新规划成开放式空间，地面用不同纹路木地板分割场域，背景墙以浅蓝色烤漆玻璃带出清爽氛围，让平时下厨时光显得悠闲惬意，也方便清理，加上电器柜做到顶部，满足东西较多的一家人存放的需求。在横梁不包起的情况下，设计师在餐厅置入流明天花板，类似天井概念，提升屋中段亮度，光源均匀洒落，居家空间更舒适宜人，如图 4-1-35~ 图 4-1-37 所示。

（4）卧室设计

①老人房。原空间由于斜面天花板的原因，显得低矮，容易让人产生压抑心理，不适于老人居住。另外，床铺过高，老人上床相对困难。改造后虽也将床铺架高，但仅仅只是一种形式上的提升，是为形成一定的储物空间，而天花则仍然保留斜面天花板，不特意包起，弱化卧室给人的压迫感。老人卧室的风格与整体风格相协调，并没有采用与风格不相符的沉稳色彩及设计形式，而是将床头背景墙运用薄荷绿营造清新感，层架、抽屉、窗边休闲桌和整体衣柜为老人的整体生活提供了放置、储物和休闲的保障，更好地满足了老人的需求，如图 4-1-38 所示。

图 4-1-30　客厅电视背景墙

图 4-1-31　客厅的天花以浅蓝色明管进行灯光布置

图 4-1-32　开放式书房便于家人沟通

图 4-1-33　镂空房屋造型

图 4-1-34　隐藏式储物空间，可以放置藏书等多种物品

图 4-1-35　餐厅空间设计前后对比

图 4-1-36　开放式厨房空间干净、整洁，增强了空间的连通性

图 4-1-37 厨房、餐厅、客厅全开放，突出了空间的完整性

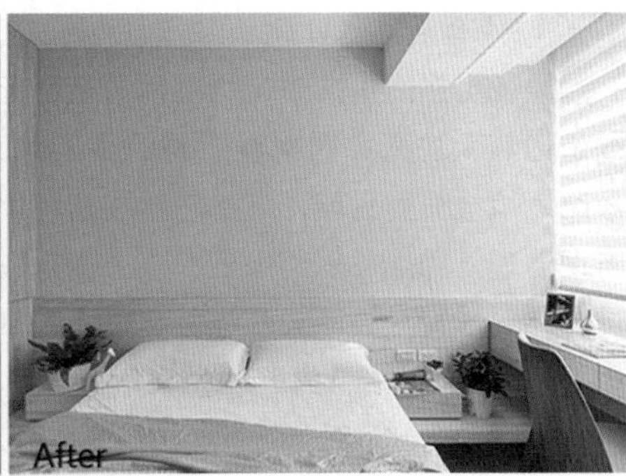

图 4-1-38 老人房改造前后对比，空间清新、简约，功能性较强

②儿童房。原先儿童房面积较大，是因为兼顾了睡眠与游戏的功能。改造后设计师将部分空间交还给公共领域，将此区改造为多功能复合式的，以系统柜为主做出收纳空间，可放置棉被、玩具、儿童用品等大量物品，如图 4-1-39 所示；此区域是儿童学习区域，同时榻榻米式的设计在满足小朋友睡眠的基础上，也形成了活动区域。为避免视觉压迫感，设计师特意不将横梁包起，天花板斜面设计反而给人另一种感觉。

（5）卫浴间设计

卫浴间主墙用复古砖做出变化，不仅增强了个性，也能适度降低预算；地砖选用自然风板岩，表面细致纹理与柔嫩色系，与住宅风格一致，偏灰色调也不易发现脏污，如图 4-1-40 所示。

3. 整体设计思路

（1）空间划分与组织

本案例的业主是老、中、幼三代同堂，所以在空间的划分与组织上要注意满足老人的休闲需求，中年人的聚会、工作需求，儿童的玩耍需求，同时又要满足全家人的睡眠、洗浴、就餐、娱乐、储物等方面的需求。这些需求是空间划分与组织的基本依据，同时也决定着各功能空间面积大小与交通流线的设计。

案例中的功能空间有客厅、餐厅、厨房、儿童游戏室、卧室 3 间、卫浴间 2 间、储藏室 2 间、书房、阳台等，能很好地满足业主需求。以实体分隔、虚拟分隔多种方法进行空间的划分，并利用家具、绿化等多种元素进行空间的重组，使整个空间的交通流线更加合理。

（2）收纳规划

居住时间越久，人数越多，特别是有老人和孩子的家庭，收纳的重要性就越凸显，家中有许多多年累积下来的物品需要收纳，也有许多孩子的东西需要放置，因此设计师规划了三个储物区域，内部不做设计，留给屋主较多发挥空间，置入铁架，方便摆放收藏品。同时，这里也可以作为家庭的多种临时活动空间，如图 4-1-41 所示。

图 4-1-39 儿童房的多功能性与强大的收纳空间

图 4-1-40 卫浴间设计

图 4-1-41 收纳空间的设计与规划

（3）无障碍空间设计

家中有老人，无障碍设计是重中之重，无障碍设计有很多种类及设计方法。本案例中并没有进行传统的无障碍设计，如扶手、坡道等。而只是体现了最简单的无障碍设计，以“以人为本”的设计理念进行空间设计，空间中少有地台及地面的起伏，以保证老人不会因为地面的起伏而摔倒。同时，也可以保证孩子的安全。本案例中的地面起伏设计仅仅集中在年轻人的书房中，如图 4-1-42 所示。

（4）建材挑选

木地板是营造全屋温暖气息的重要推手，另外，设计师也推荐客厅与书房隔间使用木纹水泥板，其比起一般水泥板更有变化性，同时具备防潮、不变形等特征，户外阳台也能使用，如图 4-1-43 所示。

（5）家具布置

家具布置是住宅设计不可忽视的一个环节，在此案例中没有置入太多家具，保留了空间机动性。当家中人数较多时，长凳也可搬移到客厅使用。另外，因家中多采用轻柔色系，设计师特别强调餐厅用深色实木餐桌，面积为 100 cm × 240 cm，整体分量感十足，为家居空间增添了沉稳气息，如图 4-1-44 所示。

资料来源：LOFT 中国 http://loftcn.com/archives/64 598.html

4. 设计小贴士

（1）大户型“三代同堂”的定位

大户型“三代同堂”基本是 3 室 2 厅 2 卫，或是 4 室 2 厅 3 卫，户型最小要在 120 m^2，正常要在 150 m^2 或以上，居住人口通常是 5~8 人，年龄层面差距较大。

定位人群多是高收入、高学历、高职位的中年人，这类家庭人口较多，成员间有着各自不同的需求，也有着各自不同的审美观与喜好。老年人注重生活的舒适性、中年人注重生活的品位与质量、青年人注重生活的个性与审美、儿童则注重生活中的自由与趣味性，众口难调，设计存在着许多的矛盾与冲突。

（2）大户型“三代同堂”的设计需求与理念

“三代同堂”的居住空间，要考虑到不同年龄层的需求，而更重要的是要考虑孩子、老人的安全，孩子的不断成长，老人年纪的不断增长，都对设计提出了种种要求。大户型由于其空间面积较大和空间具有多功能性，一定要避免地形起伏、高低落差，应重视无障碍设计，以方便老人生活起居。另外，也一定要注意，老人的活动区域一定要与儿童的活动区域有一定的距离，只有这样，才可以更好地保证两代人的生活互不影响、互不干扰。

（3）设计妙招

①以舒适和谐为设计准则。

a.“三代同堂”家居装修设计要更多地兼顾老人的需求，做好规划和调适，以合理的空间分配，形成良好的互动模式，减少同住之间形成的相互干扰。空间规划是一个重要的问题，老人的作息时

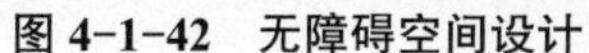

图 4-1-42　无障碍空间设计

图 4-1-43　空间建材挑选

图 4-1-44　室内家具布置

间与年轻人有着很大的差异，年轻人喜欢晚睡晚起，老人则喜欢早睡早起，如果房子是跃层则可以把老人安排在一层方便老人活动，这样生活空间会相对独立。如果是平层，老人房与年轻人、儿童房要有一定的距离，如果可以，要把老人房设计成套房，带独立的卫浴间。还要考虑为老人规划专属的休闲空间。

b. 行走要舒适、便利。空间最好做到无接缝设计，形成空间开放性设计，让空间之间联系紧密，老人行走不会花太多力气，同时也更利于看到孩子的活动范围。

c. 坐卧要舒适。对于孩子来说，床垫不宜过高；对于老人来说，沙发也不宜过矮，这样老人站、坐会不方便。无论是沙发还是床，甚至家里的桌椅高度都需要考量。

d. 家里照明要温馨明亮。老年人视力会减弱，所以老人房、儿童房的灯光最好不要是“点状照明”，这样的光线太强，对老人、孩子的视力都不好。

e. 尽量使用木材取代石材。石材相对于木材质地坚硬，但对于孩子和老人来说，木材的安全性更高。也可以在儿童房铺上泡沫地板，这样孩子玩耍就不会着凉，也更具安全性。

f. 浴室要注意防滑。这一点对于老人、孩子是非常重要的。可以在浴室装上扶手，高度在 1 m 左右，这也是无障碍设计的一种，然后使用防滑瓷砖，这样可以有效防滑。另外，如果可以还要增加收纳空间，让卫浴间看着不凌乱。此外，避免卫浴间的一切尖锐角，让老人、孩子远离危险。

重点：学会利用设计要点来进行“三代同堂”大户型空间的合理设计，让设计“以人为本”，更全面地照顾到所有的家庭成员。

②玄关柜的新面貌。玄关柜对于多数人来说是从室外进入室内的一个可以收纳物品、阻隔室外空气，又可以让家更加私密的一件家具。玄关柜风格多样、样式各异，但万变不离其宗。玄关柜的四面都具有可用性，例如，正对大门的一面可以用来收纳衣帽、鞋子、物品，另一面则可以作为客厅的电视背景墙，或者作为孩子的涂鸦墙；两个侧面可以设置穿衣镜、小的收纳篮，或者可以变成孩子身高成长的记录仪。

重点：学会将生活的点滴融入设计，让设计变成生活的一部分；让设计更具多功能性。

③别出心裁的灯光设计。客厅或卧室取消吊灯主光源，可以在天花板上安装许多小筒灯，仿佛抬头就能看到满天的星光，柔和静谧的灯光能带给人心灵上的平静，挑选光源时要注意灯泡的亮度和色温。又或者可以像本案例中一样采用明管与射灯或筒灯相结合，设计成天空中的星座形式，让浪漫满屋。

重点：学会利用灯光营造温馨的居住空间，灯光的色彩、灯光的形式都可以影响家庭的氛围。

④卧室装电视要谨慎。电视正对床头，形成的噪声和光污染会影响健康和睡眠质量，无形中影响夫妻关系。可以安装活动支架，用来轻松调节电视的角度和位置，如果卧室有阅读空间或休闲空间的话，也可以舒服地收看电视，一举三得。

重点：学会用现代技术手段处理设计的细节，让细节无处不在，让生活更加舒适。

⑤适当的留白。无论再大的空间，如果设计不当将其填得过满，都会让人喘不过气。大户型居住空间也不应被塞得太满，界面设计、软装陈设、家具布置都要有度，要让空气自由流通，要让人有畅快感和随意走动的舒适感。可以将业主的生活点滴、兴趣爱好融入设计中，打造一个舒适温暖而又充满生活情趣的家。

重点：“轻装修重装饰”，将繁杂的造型去掉，将界面设计简约化，利用软装饰品弥补细节的不足，又可以根据各种需要进行随意更换。

任务二　大户型居住空间设计方法与思考

数字资源 4-2-1
样板间空间设计（阎明）

数字资源 4-2-2
设计师小讲堂——做客（大苗）

一、大户型居住空间的设计特点

大户型居住空间的一般使用年限较长，居住人口相对较多，大户型居住空间设计特点归纳为以下几点。

1. 确保功能布局清晰合理

大户型居住空间由于居住人口较多，居住人员年龄跨度较大、审美取向不一，生活需求也不同，因此客厅、餐厅及厨房等公共空间要综合家庭成员的意见和需求进行设计。卧室、书房等私密空间可以根据使用者的喜好进行设计，但也要注意与整体设计风格相协调，不要因过于突出个性，而显得格格不入。

2. 空间设计突出实用性

设计要以人为本，适合人居住的空间才是最舒适、设计合理的空间，所以设计中首先要从实用性出发。在功能布置上，从人性化的角度考虑布局和设施，家有小孩和老人的，一定要特别注意地面的起伏、空间的位置、卫浴间的防滑以及家具的安全等问题。空间功能要齐全，一切从实用角度出发，收纳空间、休闲空间、洗衣空间、娱乐空间等附属空间也要考虑周全。

3. 个性与审美

一个好的设计一定是共性与个性共存，要适合大众欣赏，也要体现业主的个性与品位。

4. 空间处理

大户型空间的处理是比较难的，应合理利用色彩，不同的色调可以营造不同的空间环境，浅色调可以让空间更空旷，深色调可以让空间更加沉稳、紧凑，可以利用不同的色彩对空间进行潜在的区域划分。在结构上，可通过对屋梁、地台、吊顶的改造，对室内空间做出一些区分。家具可尽量用大结构的，避免室内的凌乱；同时，软装陈设的点缀，既解决了单调的问题又为室内增添了生气和内涵。

二、大户型居住空间的缺陷及其破解妙招

1. 缺陷一：房间采光差；解决办法：补光，用颜色提亮

“有很大的落地窗户，阳光洒在地板上。”越来越多的人渴望拥有如歌词中描绘的房子。可在现实生活中，采光不理想、房间暗却是很多户型存在的问题。要想改变这一缺陷，设计师的建议是补光。即利用镜面的反射从其他房间引光，这样可以提高房间的亮度。房间颜色上还可以恰当运用如鹅蛋青、天蓝、亮黄等亮色，可使房间整体有一种清新明亮的视觉效果。如果家里的房间比较多，可以将采光不佳的房间设计为视听室、衣帽间等不需要太多阳光的空间。

2. 缺陷二：层高低；解决办法：巧妙装饰改变人的注意力

层高低的房子会给人压抑感。一种解决办法是引开人的注意力。在装修时可以巧妙地引景或采用别致的装饰，让人进入房间后会被某种特别的设计吸引，从而忽略层高低带来的压抑感。同时适当地用珠帘、纱帘等软材质的装饰能减轻房间给人的压抑感。另一种办法是通过硬装修降低入口通道处的顶高，这样可以造成房间内相对较高的视错觉。

3. 缺陷三：房间狭长；解决办法：打开墙体或利用隔断

在使用上，狭长的房间有很多不便。设计师的建议是，如果是非承重墙，可以考虑打开，将空间扩大后，再根据功能需要重新规划；如果墙体不能打开，就在房间里利用隔断划分不同的功能区域，这样也可以充分地利用空间。

4. 缺陷四：房梁多或过道长；解决办法：结合情况顺势而走

房顶外露的梁对普通人来说可能是个装修难题，可在设计师看来，梁是发挥想象、体现设计风格的好道具。不同情况的梁应该进行不同的处理：如果顶部为平板空间，梁可以用吊顶的方式进行隐藏；如果是斜的或不规则的梁，一般要因地制宜，结合具体情况装饰；如果是多梁，可以通过整体划一的空间感及色彩感来取得协调和统一。有梁的房间很适合装修成轻松自然的田园风格。

5. 缺陷五：暗卫或暗厨；解决办法：运用好灯光，柜体颜色用浅色系或对比色

光线差的卫浴间，要特别注意运用好灯光。壁镜顶部要装灯，这样即使在顶灯不开的情况下，镜前灯的光线也会很好地反射到四周的墙面，使卫浴间有一种明亮的感觉。门则可以选择玻璃的，玻璃和镜子都是在装修采光不佳的空间里常用的工具。如果是隐蔽性较强的主卧室内的卫浴间，做成敞开式的卫浴间也不失为不错的选择。

没有自然光进入的厨房，橱柜的颜色可以选择浅色系，让人看起来清新明亮；另外，也可以在设计墙面与柜体的颜色时使用对比色，比如咖啡色的墙面与白色的柜体搭配。巧妙运用对比色可以增强房间的空间感。

6. 缺陷六：缺少储物空间；解决办法：在有限空间中设置吊柜

居家过日子难免会有舍不得扔的“破烂”，所以说储物空间很重要，必须充分利用一切可以利用的空间来储物。传统的吊柜就是一个很好的选择，既不占空间又非常实用。

7. 缺陷七：房间功能区分不明显；解决办法：巧用隔断做功能区分

在设计时，有些空间，很难做到功能明显区分，一个房间可能既要做客厅也要做书房，这时隔断就很重要，可以用玻璃或厚些的装饰帘隔断各功能区。

8. 缺陷八：楼梯位置不当；解决办法：改变楼梯位置

在别墅或复式户型中，楼梯的位置不当是一种建筑设计缺陷。常见的是楼梯的拐弯过多，造成空间浪费。设计师建议可以改变楼梯起步点，也可以改变楼梯的走向，最终达到增大可利用空间的目的。

三、大户型居住空间装修细节

1. 与父母同住，装修浴室格外注意安全性

家中有老人的住户，在装修卫浴间时要特别关注安全性。比如，边角处理要圆滑；各种设备高度适合，减少老人的动作幅度；地面要进行防滑处理，增加更多安全把手；尽量不要使用玻璃、金属的材质。

2. 家中楼层较多，要安装智能家居系统保证安全

许多住别墅或 Townhouse 的家庭都要安装智能家居系统，智能家居系统中的安防措施可以实现电视的自然切换，控制中心可以自动调节 AV 转换，当某一设备遭到破坏时，摄录设备会记录下情景，并自动在视频设备上播放。如果房主不在家，安防系统会自动向小区拨出电话，随后拨通你的手机，实现对安全的 24 小时监控。

3. 挑空较高，隔出阁楼要谨慎

在层高较高的住宅内，隔出一个二层的阁楼，无论是水平分隔还是垂直砌墙，都必须考虑到加

建结构的材料和承重、隔墙的厚度和高度的比例等。这类改造涉及精确计算、加固、切割等专业施工技术，在改造前一定要查看设计公司是否具有“结构施工安全设计资质”。

4. 安装超大按摩浴缸留意楼板承重

小资人士一定喜欢家中有个专属于自己的超大浴缸，但是，安装这类浴缸，楼板承重是关键。一定要测试楼板是否能承受装满水后的浴缸的重量。通过浴缸的容积、楼板的承受能力，来判断是否适合安置大型浴缸，以确保安全。

5. 厨房挑空高，烟道设计要合理

由于别墅、Townhouse 住宅的厅高，烟道长，烟机的排风量、电机的功率应该更大。如果烟道长度大于 4 m，就应该考虑增加一级排风装置，增进排风效果。此外，地排式烟机也是一种不错的选择。

6. 家中有小孩，防止其靠近开放式厨房的厨具器皿

如果家中采用了开放式厨房设计，不妨采用以下两种厨房柜门安全开启方式：第一，刷卡式柜门。平时柜门呈锁定状态，开启的门卡放在柜子抽屉里，需要开门时，把卡轻轻一刷即可。第二，无把手柜门：应用磁铁吸附原理，使柜体外观保持完美的直线形态，避免把手给孩子带来伤害。

7. 浴室中电器多，布线要注意用电安全

像别墅卫浴中的供电装置会比较专业和特别，复杂的内在联系对设计师的专业要求更高。应该使用计算机模拟电器与插座的位置，合理分布电器的位置，方便实际使用。此外，大户型的卫浴空间干湿分隔应明显，应尽量把电器插座设置在干区内。

许多别墅区的水质不合格，达不到饮用标准，一般又不提供纯净水，因此要安装水软化装置，在厨房还应该安装净水装置。

8. 客厅挑空过高，留意视觉感受的舒适度

跃层、别墅等户型的客厅挑空过高，设计师应该解决视觉的舒适感受，具体做法是，采用体积大、样式隆重的灯具弥补高处空旷的缺点。或在合适的位置圈出石膏线，或者用窗帘将客厅垂直分成两层，令空间敞阔豪华而不空旷。

9. 孕妇房避免甲醛污染

要生宝宝的家庭，一定要减少甲醛污染。因此，在装修前，不要在卧室地面大面积使用同一种材料。合理计算室内空间的甲醛承载量和装修材料的使用量。也不要在复合地板下面铺装大芯板，或者用大芯板做柜子和暖气罩。此外，油漆最好选用漆膜比较厚、封闭性好的，最好用水性漆。在装修后，一方面注意通风换气，保持适宜的温度与湿度。另一方面，利用植物的吸尘、杀菌作用来保持环境清洁优美。如月季、玫瑰吸收二氧化硫，桂花有吸尘作用，薄荷有杀菌作用，常青藤和铁树吸收苯，万年青和雏菊清除三氯乙烯，而银苞芋吊兰、芦荟、虎尾兰吸收甲醛。

10. 客厅灯光要能够满足生活和娱乐的多种需求

许多住户希望客厅灯光能随不同用途、场合而有所变化。智能化系统里有灯光调节系统。能够按照需要控制照明状态，可以模拟自然界太阳光的变化，住户只要轻触开关或手中的遥控器就可以感受从夏到冬、从春到秋的模拟性季节变化，甚至可以模拟一天中的不同时段。

任务三　课外拓展

设计究竟能给你带来什么？怎样进行大户型居住空间设计？下面由一个三房户型的平面优化方案解析什么是设计。

一、基础版

第一个平面方案，各大功能区基本上定位准确，功能需求基本满足。但是，却可以马上发现很多问题（图 4-3-1、图 4-3-2）。

问题：

①客厅与餐厅之间居然有足足 6 m² 的纯交通面积，太大。

②客卧的采光是借助厨房的间接光线，不仅采光不足，而且通风性与雅观性也是一个问题。

③厨房看似有 10 m² 大，但洗菜盆与灶台中间却隔着一个柱子，影响操作的流畅性。

④餐厅看似相对舒适，但太靠近入户处，用餐与鞋柜会有冲突，其次与客厅缺少互动性，也影响了去客卧的动线。

⑤两个卫浴间虽然满足了功能需求，但都没做干湿分离，而且与那个“豪华过道” 对比起来，实在是憋屈（图 4-3-3）。

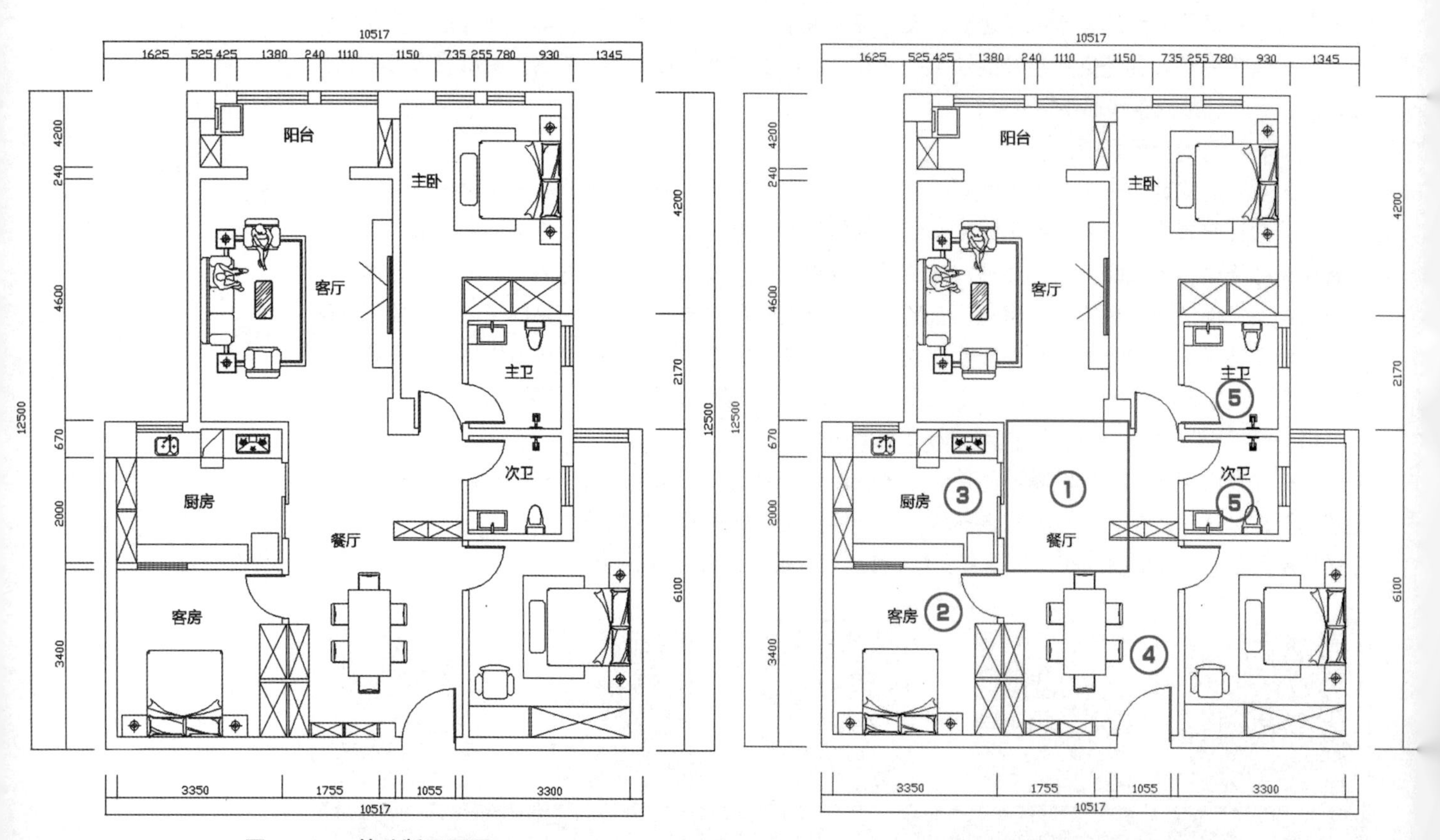

图 4-3-1　基础版平面图

图 4-3-2　基础版问题发现

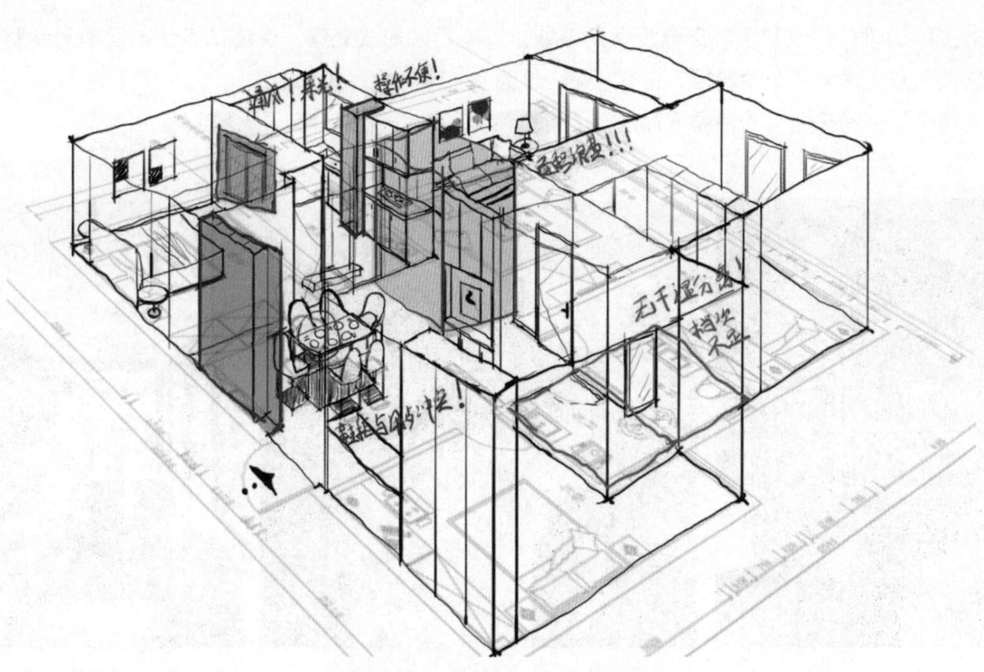

图 4-3-3　方案鸟瞰图问题分析

二、升级版

带着前面的问题，将平面进一步优化（图 4-3-4）。

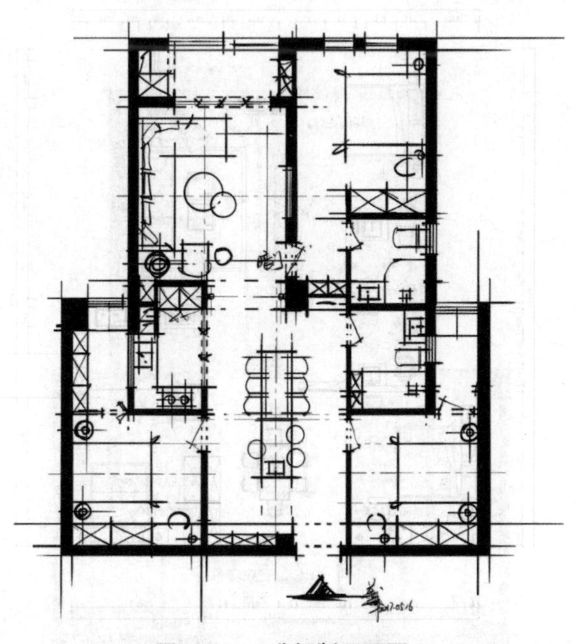

图 4-3-4　升级版平面图

优化效果：

①利用客餐厅之间的过道，将玄关、餐厅、吧台连为一体，提高了餐厅的舒适度。环形动线加强了餐、厨、客的互动性，同时又使各个空间的动线解放了，如图 4-3-5~ 图 4-3-7 所示。

②压缩原本过大的厨房空间，让出一个小阳台，完美地解决了厨房和客卧采光通风不足的问题。同时，U 形的厨房使用起来也会更加舒服。

③主卧的进口门改到了客厅电视背景墙处，以暗门的形式处理，保证了客厅电视墙的完整性，同时玄关入户也设置了个端景柜。还有，贴心地为女主人补充了梳妆台。

④两个卫浴间在原有的格局下都进行了重新整合布置，干湿分离，加强档次。

图 4-3-5 餐厅加吧台意向图（一）

图 4-3-6 餐厅加吧台意向图（二）

图 4-3-7 餐厅加吧台意向图（三）

三、高端版

创造惊喜！优化过的平面已经很好了，该解决的问题都解决了，不过要是能有个独立的玄关就更好了（图 4-3-8）。

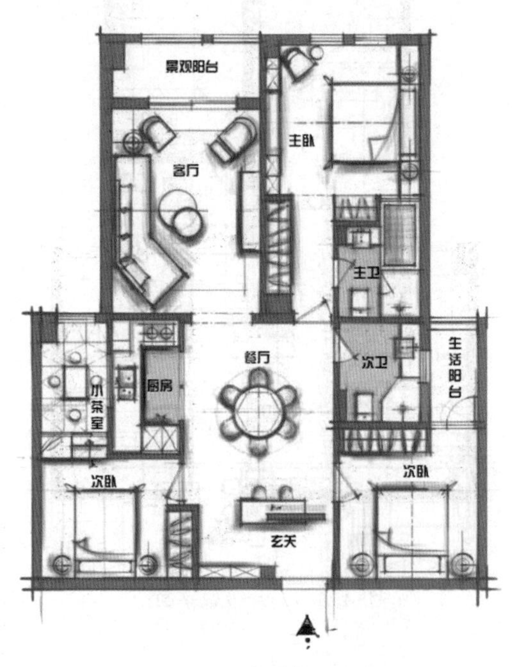

图 4-3-8 高端版平面图

再次优化（图 4-3-9）：

①利用客、餐厅之间的过道，提高餐厅的舒适度，同时加强客、餐、厨的互动性。玄关与吧台穿插设计，功能与时尚并存。

②压缩原本过大的厨房空间，完美地解决了厨房和客卧的采光通风问题。同时，增强厨房使用的便捷性。把上一方案的阳台改为小茶室，提高生活品质。

③保证客厅电视背景墙的完整性，主卧步入式衣帽间凸显豪华感，主卫也由原来的三件套变为四件套，次卫也进行了干湿分离。

④次卧调整了衣柜还有床头的位置，使得去阳台的动线更令人舒适（图 4-3-9）。

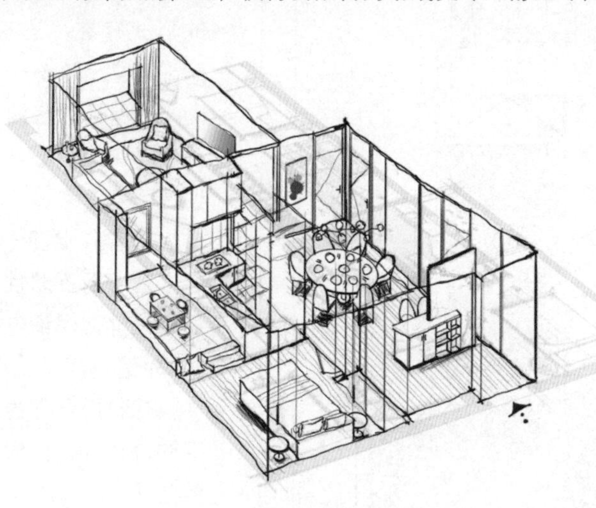

图 4-3-9　透视图优化展示

四、豪华版

通过原来的平面，可以了解到客户是需要两个卧室还有一个客房。考虑到客房的使用不那么频繁，那么能不能把它做成一个多功能房？如果客卧只是偶尔有客留宿的话，建议使用以下方案（图 4-3-10）。

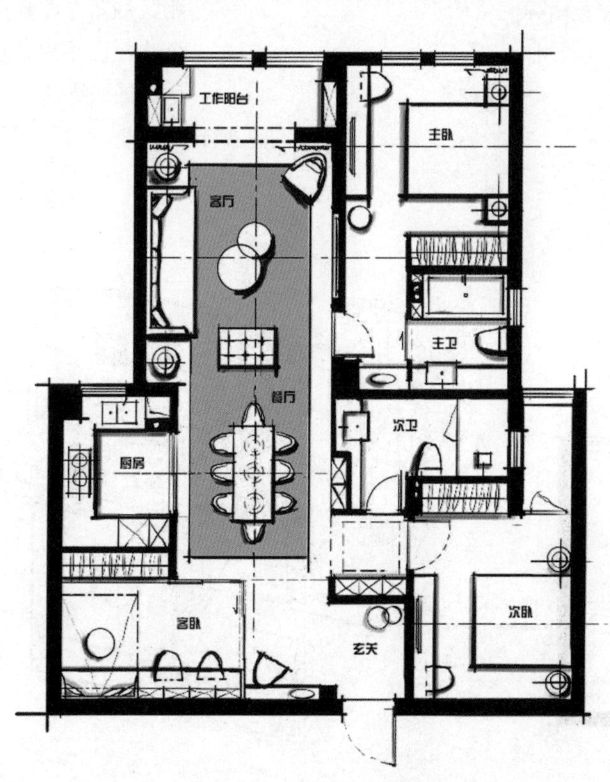

图 4-3-10　豪华版平面图

图 4-3-11 基础版平面图分析

再次优化(图4-3-11~图4-3-13)。

①设置独立玄关，入户端景挂画加绿植，生活气息十足。

②客卧调整为多功能室，集留宿与书房功能为一体，以“玻璃盒子”的形式存在，当玻璃移门完整打开时，与餐厅形成一个开阔的派对空间。

③保证厨房的使用面积的同时避开柱子带来的影响，U 形厨房使用更便捷。

④客、餐厅一体化设计，加强客、餐、厨互动性，主卧入口进行隐形门设计，保证电视背景与餐厅背景相协调。

⑤利用原先的过道面积，增强次卫的舒适性，同时给餐厅挤出了酒柜的空间。

⑥次卧调整布置方式，衣柜与书桌分开设置，使用起来更舒适。

⑦主卧入门处设置端景柜，主卫三件套更加舒适，增加了梳妆台功能。

多出了这么多功能，是不是把功能区的尺寸都压缩了？并不是的，每个功能区相对之前，不但没有压缩，反而更加宽敞了，对比下就知道了。

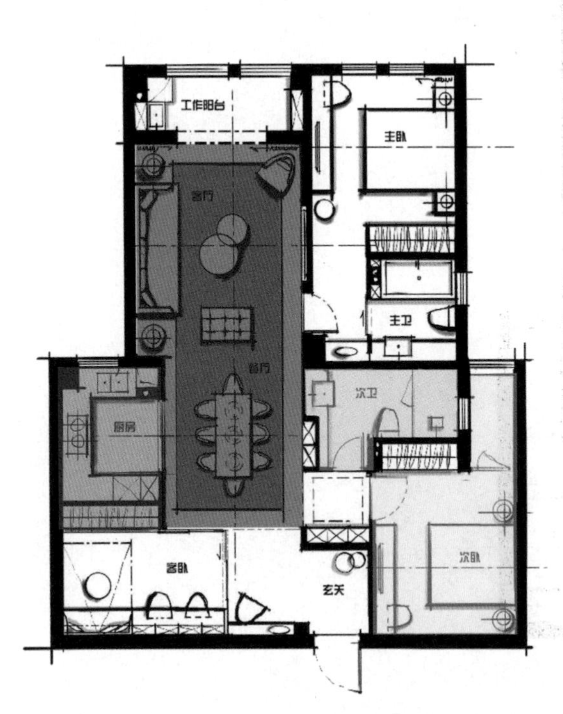

图 4-3-12 豪华版平面图分析

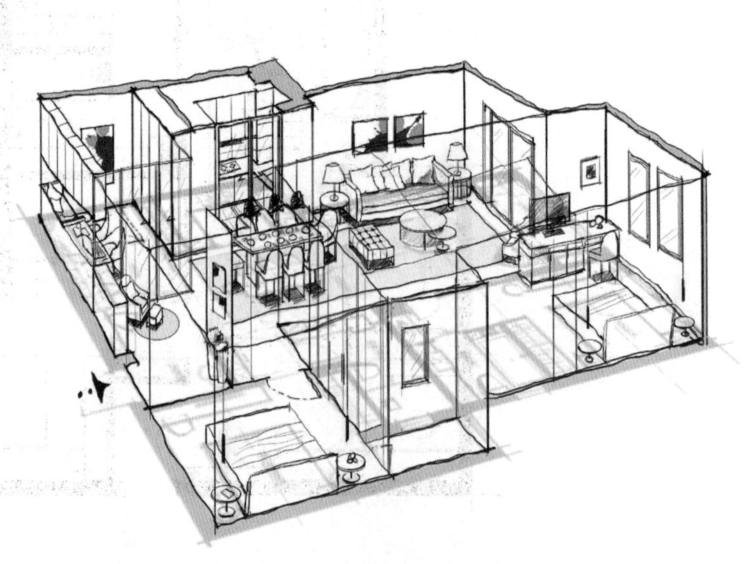

图 4-3-13 豪华版透视图分析

五、终极版

如果业主是一个个性十足又充满想法的人，终极版一定适合（图 4-3-14）。

最终优化：

①设置独立玄关，入户斜角处理，个性十足。

②客卧调整为次卧，利用原先过道的面积，增强次卧舒适感，设置舒适的学习区，采光极佳。

③厨房采用西厨形式，与客、餐厅形成很好的互动。

④客卧在满足留宿功能的同时增加了书桌功能。

⑤两个卫浴间都采用了干湿分离的形式，使用起来更加舒适。

⑥客厅设置钢琴区，从小培养孩子艺术气息。

⑦主卧入门设置端景柜，主卫三件套更加舒适，增加了梳妆台。

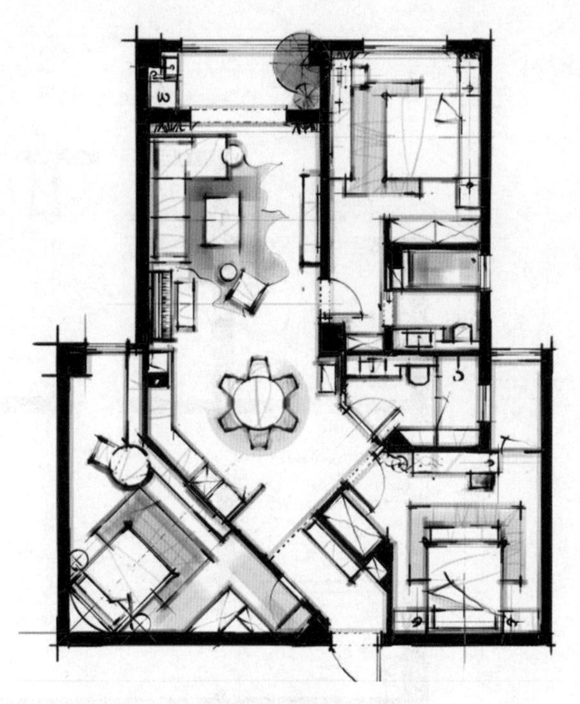

图 4-3-14 终极版平面图

任务四 实训项目

一、实训题目

天伦之乐——“三代同堂”

二、完成形式

以 2~4 人为小组共同完成，团队合作。

三、实训目标

①掌握大户型居住空间布局的思路与方法。

②掌握更多需求的空间合理优化的方法。

③掌握大户型空间的个性化设计。

④掌握大户型空间的各种细节设计方法。

四、实训内容

如图 4-4-1 所示，项目面积 180 m^2，需进行室内设计。

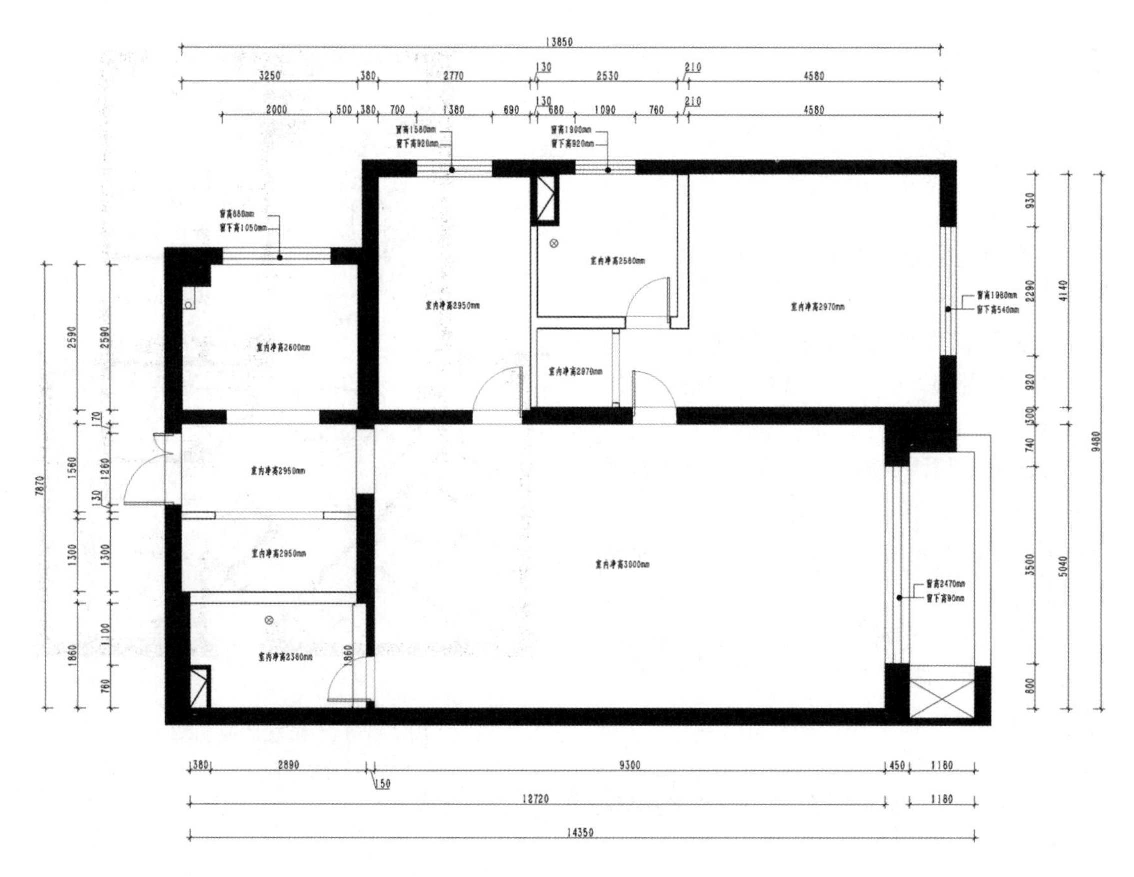

图 4-4-1 原始量房尺寸图（1 ： 75）

五、实训要求

①适合“三代同堂”5 口人共同居住。

②根据户型结构进行平面布局安排和适当的改造。

③平面规划合理，动线合理。

④整体风格统一，并进行适当的软装饰设计。

⑤进行一定的无障碍设计，适合老年人的生活习惯。

六、设计内容

①绘制规划改造后的平面布置图，布局合理、功能齐全、动线流畅。

②绘制思维导图、元素提炼草图、空间草图。

③绘制分析图（功能分析图、动线分析图、色彩分析图、材料分析图）。

④设计说明 1 份。

⑤设计方案图纸（平面、天花、立面、详图）。

⑥空间效果图。

⑦空间预算 1 份。

⑧ 600 mm × 900 mm 展板 1~2 张。

⑨设计小结，总结方案规划和改造中的思维过程和设计精髓。

七、业主需求

参考文献

[1] 黄春峰 . 住宅空间设计 [M]. 长沙：湖南大学出版社，2013.
[2] 叶森，王宇 . 居住空间设计 [M]. 北京：化学工业出版社，2017.
[3] 赵一，吕从娜，丁鹏，等 . 居住空间室内设计：项目与实践 [M]. 北京：清华大学出版社，2015.
[4] 曹干，邸锐 . 室内设计策划 [M]. 北京：高等教育出版社，2015.
[5] 严肃 . 室内设计理论与方法 [M]. 长春：东北师范大学出版社，2011.
[6] 张洪双 . 室内设计原理与实践：The principles and practices of interior design[M]. 北京：印刷工业出版社，2014.
[7] 周玉凤 . 居住空间设计程序与应用 [M]. 南昌：江西人民出版社，2016.
[8] 理想・宅 . 室内设计风格速查轻图典 [M]. 北京：化学工业出版社，2016.
[9] 美化家庭部 . 住宅机关王 [M]. 南京：江苏凤凰科学技术出版社，2015.
[10] 凤凰空间・华南部，凤凰空间 . 这样装修才会顺：风格定位 [M]. 南京：江苏凤凰科学技术出版社，2015.
[11] 凤凰空间・华南部 . 这样装修才会顺：装修必知 [M]. 南京：江苏凤凰科学技术出版社，2015.
[12] 凤凰空间・华南部，凤凰空间 . 这样装修才会顺：软装搭配 [M]. 南京：江苏凤凰科学技术出版社，2015.
[13] 孔小丹 . 室内设计项目化教程 [M]. 北京：高等教育出版社，2014.
[14] 严建中 . 软装设计教程 [M]. 南京：江苏人民出版社，2013.
[15] 薛野 . 室内软装饰设计 [M]. 南京：江苏人民出版社，2013.
[16] 文健 . 周可亮 . 室内软装饰设计教程 [M]. 北京：北京交通大学出版社，2011.
[17] 刘惠民，杨晓丹，刘永刚，等 . 室内软装配饰设计 [M]. 北京：清华大学出版社，2014.
[18] 陈楠编 . 设计思维与方法 [M]. 武汉：湖北美术出版社，2010.
[19] 刘爽，陈雷 . 居住空间设计 [M]. 北京：清华大学出版社，2012.
[20] 伊礼智，董方 . 小而美的家 [M]. 海南：南海出版公司，2015.
[21] 北京百年建筑文化交流中心 . 百年建筑——中小户型设计与创新 (NO.47)(2006.8)[M]. 哈尔滨：黑龙江科学技术出版社，2006.
[22]X-Knowledge，李慧 . 小户型设计解剖书 [M]. 南京：江苏凤凰科学技术出版社，2016.
[23] 善本图书公司 . 利用率：创意居住空间设计 [M]. 大连：大连理工大学出版社，2012.
[24] 漂亮家居 . 小户型改造攻略——打造小而美的家 [M]. 南京：江苏凤凰科学技术出版社，2017.
[25] 朱淳，王纯，王一先 . 家居室内设计 [M]. 北京：化学工业出版社，2014.
[26] 任文东 . 室内设计 [M]. 北京：中国纺织出版社，2011.
[27] 高光 . 居住空间室内设计 [M]. 北京：化学工业出版社，2014.

特别鸣谢：

[1] 支点设计　http：//www.zdsee.com
[2] 深圳三米家居设计有限公司　http：//www.3mihome.com/index.asp
[3] 辉度空间　http：//www.19lou.com/forum-1911-1.html
[4] 南京市赛雅设计工作室　http：//www.zhendian.net
[5] 温州大墨空间设计有限公司　http：//www.china-designer.com/home/452632.htm
[6] 宁波东羽室内设计工作室　http：//www.88v2.cn
[7] DLONG 设计　http：//www.dolong.com.cn
[8] 一米家居　http：//www.hualongxiang.com/yimi

[9] 鸿鹄设计　http：//www.hualongxiang.com/
[10] 鸿鹄设计　http：//www.hualongxiang.com/
[11] 拓者设计吧　http：//www.tuozhe8.com/forum.php
[12] LOFT 中国　http：//loftcn.com/
[13] 室内设计联盟　http：//www.cool-de.com/
[14] A963　http：//www.a963.com/
[15] MC 时尚空间　http：//www.mcspace.cn/
[16] 设计本　http：//www.shejiben.com/
[17] 室内设计与装修 ID+C　http：//www.idc.net.cn/alsx/juzhukongjian/
[18] “室内外空间设计”微信公众号
[19] 齐家网　http：//tuku.jia.com/gaoqing/213675.html
[20] “濮阳鑫远装饰”公众号
[21] 360 个人图书馆　www.360doc.com
[22] 设计之家　http：//www.sj33.cn/architecture/jzhsj/zxxs/201710/48054.html
[23] 镇江 1820 室内设计工作室
[24] 翼森空间设计
[25] 陈女青设计
[26] 一间设计　http：//www.v-iew.com/
[27] 武汉 C-IDEAS 陈放设计　http：//www.c-ideas.cn/
[28] 菲拉设计　http：//www.91flydc.com/
[29] 缤纷设计　http：//www.fantasia-interior.com/index.html
[30] 上海映象设计有限公司　http：//yingxiang.guju.com.cn/
[31] 小白和小宋的设计空间　http：//54lee.poco.cn/
[32] 太合麦田设计　http：//www.shejiben.com/sjs/5945636/
[33] 壹度设计微信号
[34] 苏州本生设计　http：//www.233369.zxdyw.com/
[35] 珥本设计设计　http：//www.urbane.com.tw/
[36] 云上译舍设计微信号
[37] 寓子设计　http：//www.uzdesign.com.tw/
[38] 蓝森装饰设计　http：//www.lansondesign.com/
[39] 怀生国际设计　http：//www.wyson-interior.com/
[40] 松艺设计事务所　http：//www.sogye.cn/
[41] 奇拓室内设计　https：//www.chitorch.com/
[42] 杭州尚舍一屋设计　http：//www.ssywid.com/
[43] 武汉木羽设计　http：//www.my-sj.cn/
[44] 朵墨设计　http：//www.duomosheji.com/
[45] 禾谷设计　http：//my.a963.com/3376589/